H+Hat
组合型钢板桩支护技术
研究与工程应用

桂树强　段凯　著

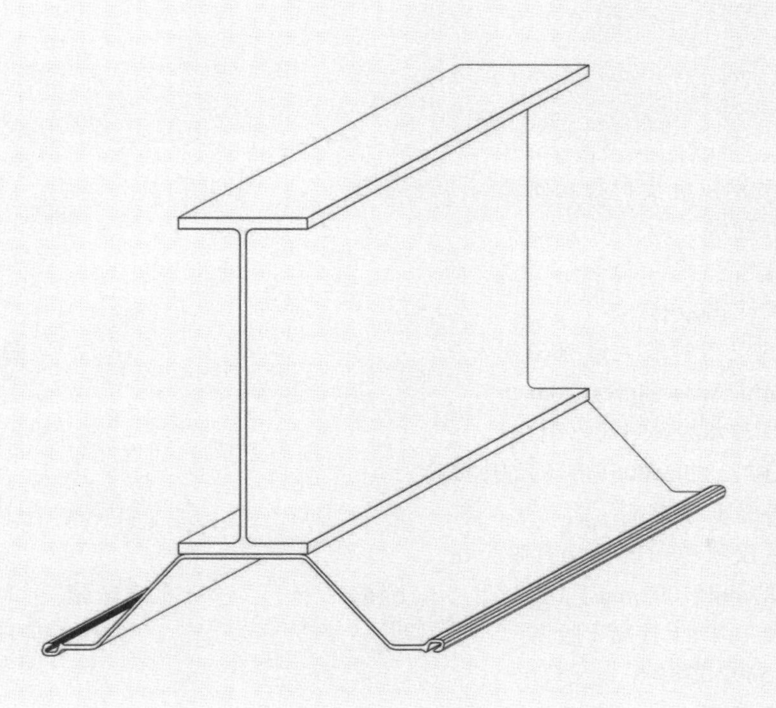

图书在版编目(CIP)数据

H+Hat组合型钢板桩支护技术研究与工程应用 / 桂树强，段凯著. —武汉：长江出版社，2020.11
ISBN 978-7-5492-7383-6

Ⅰ.①H… Ⅱ.①桂… ②段… Ⅲ.①钢板桩—支护桩—研究 Ⅳ.①TG142

中国版本图书馆CIP数据核字(2020)第227649号

H+Hat组合型钢板桩支护技术研究与工程应用　　桂树强 段凯 著

责任编辑：郭利娜
装帧设计：汪雪
出版发行：长江出版社
地　　址：武汉市解放大道1863号　　邮　　编：430010
网　　址：http://www.cjpress.com.cn
电　　话：(027)82926557(总编室)
　　　　　(027)82926806(市场营销部)
经　　销：各地新华书店
印　　刷：武汉科源印刷设计有限公司
规　　格：787mm×1092mm　1/16　8.25印张　220千字
版　　次：2020年11月第1版　2020年11月第1次印刷
ISBN 978-7-5492-7383-6
定　　价：42.00元

序

改革开放以来，我国城镇化进程规模大、速度快，城市基础设施建设成就举世瞩目。与此同时，相应建筑技术、施工工法等得到了更新迭代与发展的机会，研究大型工程深基坑钢板桩支护工法和相关解决方案的《H+Hat组合型钢板桩支护技术研究与工程应用》一书，正是在这样的背景下应运而生的可喜成果。

《H+Hat组合型钢板桩支护技术研究与工程应用》一书立足于绿色建材、绿色施工、循环利用等特点，通过对比各种组合型钢板桩的主要结构形式与特性，提出了帽型钢板桩与H型钢组合结构这一新型截面形式支护结构。帽型钢板桩与H型钢的组合，既利用了帽型钢板桩的便捷插打施工及锁口止水优势，又利用了窄翼缘H型钢截面模量大且方便组合的优势。这种组合结构易于加工、设计计算原理简单、施工便捷，辅以必要的防腐措施，便能适应各种工程情况，值得广泛应用。本书详细介绍了其结构特性及设计方法，特别是针对该结构的性能试验、数值模拟、计算理论验证等方面的基础理论研究。通过对帽型钢板桩与H型钢组合结构静压施工设备的研发，以压、拔桩力计算及试验分析、变形分析、沉桩速度分析等方面丰富的结果数据作支撑，使H+Hat组合型钢板桩的绿色施工作业方式得以实现。本书进一步详述了施工阶段各个环节的具体要求，以确保施工质量能达到设计预期。最后本书介绍了H+Hat组合型钢板桩工程应用案例和现场试验分析成果，从而进一步说明这种结构体系的工程适用性。

《H+Hat组合型钢板桩支护技术研究与工程应用》一书的出版，是帽型钢板桩与H型钢组合结构这一新型截面形式支护结构向国内外推广应用的重要一步，也是响应新时代装配式建筑、绿色施工等工程建设创新理念的重要一环。桂树强博士研究团队的科研成果及实践工作取得了丰硕的成果，我感到非常高兴。

祝贺《H+Hat组合型钢板桩支护技术研究与工程应用》一书顺利出版发行！

中国地质大学（武汉）教授

殷坤龙

2020年10月

前言

钢板桩已有几十年的发展历史，在基础设施领域扮演了重要的角色。但其抗弯刚度有限，柔性大而刚性不足，这制约了钢板桩在深基坑工程和其他临时或永久支护结构中的应用。简单地说就是当基坑或支护结构对变形要求更严格，或挡土、挡水深度更大时，普通拉森钢板桩已不再适用。钢板桩因兼有止水和支挡双重功能，加之可重复利用而不会在地下形成永久建筑垃圾，因此属于绿色施工工法。如果能解决刚性弱的问题，则可大大提高其应用范围。十年前我们的团队就开始了这方面的研究工作，发现最有效的方法之一就是将普通拉森钢板桩和H型钢进行组合，利用H型钢抗弯刚度大的优势提升组合结构的刚性，以有效减少变形和适应更深的支护系统。辅助内支撑体系、锚固体系以及背拉系统等则可以适应更多的应用场景，包括临时支护系列和永久支护系统。近十年我们开展了材料研究、支护体系设计方法研究、施工工法研究等，并应用于实际工程中，结合监测工作开展反分析，证明了所提出设计方法的基本合理性。尤其在施工工法上我们联合日本制铁株式会社、湖北毅力机械有限公司开发了捶击和静压两种工法，使得这种结构具备了更强的地质适应性和环境适应性。为进一步推广这种工法，我们又组织编写了湖北省地方标准《帽型钢板桩与H型钢组合结构应用技术规程》，让工程师们设计和施工有了参考依据。这种工法在实践中才刚刚开始规模化应用，也会遇到各种问题，需要后续改进完善，甚至也会衍生出更多的组合形式。因为绿色施工是大势所趋，这种工法一定有生命力。所以我们也会持续研究改进这种工法，以期在工程建设领域发挥更大的作用。

项目研究和本书的写作过程中得到很多合作伙伴和同事们的支持，一并致谢！

2020年10月

目录

Contents

1 概 述

1.1 钢板桩的发展历程

钢板桩的前身是使用木材或者铸铁之类的板桩，随着冶金轧钢工艺技术的发展，人们意识到通过轧制工艺生产的钢板桩强度高、质量稳定且综合性能好，还可以重复使用。钢板桩于20世纪初在欧洲开始生产。1908年在美国黑石港（Black Rock Harbor）施工中首次大规模地使用了直线型钢板桩。1911年，卢森堡的阿尔贝德工厂（属于安赛乐米塔尔集团）轧制出20世纪第一片类似的Z型钢板桩。1923年，日本在关东大地震的灾后修复工程中采用大量进口的U型钢板桩止水。1931年，日本开始生产钢板桩。1933年在卢森堡的阿尔贝德工厂首次轧制出Z型钢板桩。至20世纪60年代，西方经济发达国家在工程建设中已普遍采用热轧钢板桩，其应用领域广泛、市场发展迅速。

钢板桩产品按其生产工艺划分有冷弯钢板桩和热轧钢板桩两种类型。在工程建设中，冷弯钢板桩应用范围较窄，大多只是作为应用的材料补充，而热轧钢板桩一直是工程应用的主导产品。

在热轧钢板桩的生产方面，欧洲生产厂家起步早，生产工艺技术发展成熟，后续服务覆盖面广，所生产的钢板桩种类齐全，尺寸规格多，主要生产厂家为安塞乐米塔尔集团和蒂森克虏伯集团。目前，世界上最大的热轧钢板桩生产企业为安塞乐米塔尔集团，该集团还在中国设立了欧领特钢板桩（中国）有限公司和欧领特钢板桩（上海）租赁有限公司。欧洲另外一家著名的钢板桩生产企业为蒂森克虏伯集团，2005年在北京建立蒂森克虏伯（中国）投资有限公司，该公司负责中国境内的蒂森克虏伯钢板桩的销售和技术服务。在亚洲，日铁公司住金仅次于安塞乐米塔尔，为世界第二大钢铁生产企业。

在亚洲，日本最先使用钢板桩。1903年日本首次进口钢板桩，1931年八幡制铁公司开始生产钢板桩。1960年后，出现了500mm宽钢板桩。1970—1980年，日本钢板桩的年产量最高曾达到100万t，1990年以后产量则逐年下降，2010年年产在40万t左右。1997日本开发了600mm宽钢板桩，2005年日铁公司开发出世界上最宽的900mm新型宽幅U型钢板桩。目前，日本钢板桩生产企业主要有5家，分别是日铁公司住金、JFE、住友金属、东京制铁和大和钢铁。经近80年的发展，日本在钢板桩产品研发、设计研究、施工工法以及桩工设备制造等方面均达到了世界先进水平。

热轧钢板桩，顾名思义就是经过高温轧制后生产的钢板桩。由于工艺先进，其锁口咬合具备严密的隔水性。热轧钢板桩是由型钢轧机通过高温轧制成形，具有尺寸规范、性能优越、截面合理、质量高等优点。热轧钢板桩从断面形式来分，有U型、Z型、直腹板型等。

与一般型钢产品相比，热轧钢板桩产品的轧制工艺要求很高、生产难度大、成材率很低，属于热轧高端产品，其国际市场集中度高，产品的生产集中于几家大型钢铁企业。上述国外的钢铁巨头经过上百年的发展，不仅掌握了钢板桩的生产工艺，而且还在不断的研发新产品，抢占了钢板桩领域的制高点。

在工程建设领域，热轧U型和Z型钢板桩一般用作承受弯矩的挡土设施或临时防渗挡墙，其组合断面形式有时亦用作小桥桥墩等承受垂直荷载的结构。其中热轧U型钢板桩结构形式对称，极易被重复利用。此外，U型钢板桩的桩身宽、翼缘厚的组合特点，使其具有极佳的静力学特性。同时，热轧U型钢板桩相比其他形状的钢板桩来说，生产工艺难度相对较小，施工方便，可预先装配而成，是可大大提高沉桩功效的“组合桩”，即便拉杆及配件的安装，U型钢板桩构成的墙体外侧部分最厚，整体耐腐蚀性能好，因此U型钢板桩在世界各地应用最为广泛，生产量也最大。

Z型钢板桩最显著的力学特性是腹板是连续性的，锁口对称分布在中性轴两侧特定的位置，这极大地提高了截面模量和抗弯刚度，保证截面力学特性能够充分发挥。热轧直腹板式钢板桩不能直接承受弯矩，通常组合成闭合圆筒或直接承受轴向拉力。热轧H型钢板桩抗弯模量较大，常用作悬背式挡墙等抗弯要求高的结构。

冷弯钢板桩是钢板在冷弯机组内连续滚压成形，且侧面锁口可连续性搭接以形成一种板桩墙的钢结构体，其通常采用较薄的板材（常用厚度为8～14mm）以冷弯成型机组加工而成。冷弯钢板桩可根据工程实际情况，选取最经济、合理的截面，可实现工程设计上的最优化，比同性能热轧钢板桩节省材料10%～15%，极大地降低了施工成本。冷弯钢板桩生产工艺技术比较容易掌握，生产线投资少，生产成本较低，产品定尺控制也更灵活。但因加工方式简陋，桩体各部位厚度相同，截面尺寸无法优化导致用钢量增加，锁口部位形状难控制，连接处卡扣不严、无法止水。受冷弯加工设备能力制约，只能生产钢种强度级别低、厚度较单薄的产品。随着长度增加，冷弯钢板桩的柔性逐渐增强，当超过一定长度，钢板桩在其自重作用下将产生弯曲。且冷弯加工过程中产生的残余应力较大，桩体使用过程中易产生撕裂，在其实际应用中具有较大的局限性。

冷弯钢板桩按照产品断面形状，可以分为U型冷弯钢板桩、Z型冷弯钢板桩、帽型冷弯钢板桩、直线型冷弯钢板桩和沟道板等5类。目前，国内冷弯钢板桩的生产厂家以武钢集团汉口轧钢厂、广州钢管厂和南京万润为主，主要用于浅基坑中，因其较低的成本，对热轧钢板桩具有较强的替代性，但也受折弯厚度和锁口工艺等的影响，导致重量增加、精准度得不到控制形成难以弥补的缺陷，缺乏广泛推广应用的必要条件。

与发达国家相比，我国的钢板桩的生产和应用起步较晚，差距明显。20 世纪 50 年代末在武汉长江大桥的建设中，由铁道部大桥局首次从苏联引进 U 型钢板桩，用于桥墩围堰施工。此后几十年，受经济实力的制约，加之国内不具备生产与轧制技术，同时限制于工程机械设备的匮乏及施工技术落后等因素，热轧钢板桩的应用基本上处于停滞状态。1990 年，我国首次在船坞建设中采用 Z 型钢板桩作为坞体的永久结构。1999 年作为日本政府的无偿援助项目，在荆江大堤观音寺闸堤段和洪湖长江干堤燕窝堤段构筑 2208m 的钢板桩防洪墙。2000—2001 年，马钢曾生产 5000 余 t HP400 系列 U 型钢板桩，成功应用于嫩江大桥围堰、靖江新世纪造船厂 30 万 t 船坞及孟加拉防洪工程等项目，但经济、技术等原因，现已停产。目前，国内需要主要依靠进口，其中以拉森Ⅲ、Ⅳ号钢板桩为主。

目前，钢板桩支护结构在欧洲、美国、韩国、日本等国家和地区的各类建筑工程中应用已十分广泛。据不完全统计，全球的钢板桩年消费量为 250 万～300 万 t，其中欧洲 50 万～60 万 t，北美 50 万 t 以上，日本约 60 万 t，韩国约 20 万 t，东南亚近 20 万 t（其中新加坡年消费量 10 万 t），我国香港及台湾地区的年消费量均在 5 万 t 以上。在国内，由于钢板桩的应用起步较晚，目前钢板桩的年消耗量为 3 万～5 万 t，仅占世界的 1%，和世界发达国家还有一定差距，与钢铁总量占世界 1/3 的消费总量极不相称。

据相关文献介绍，国外热轧钢板桩的消费结构大致是：60%用于一次性使用的永久性结构，约 40%在临时结构中反复使用。钢板桩的重复使用业务有专业的打桩租赁公司经营，如德国的蒂森克虏伯集团在德国有 13 家连锁经营的专业打桩与租赁公司，基本覆盖了德国国内市场。日本目前钢板桩租赁与打桩量逾 100 万 t/a，钢板桩年周转次数超过 3 次（整个应用周期按 8 次摊销折旧）。除日本外，台湾地区、新加坡与韩国的钢板桩租赁与打桩业也十分发达。

20 世纪末期，随着我国经济的不断发展以及市场的改革开放，钢板桩在国内工程建设领域的应用崭露头角，需求量逐年增长。但在冶金生产领域，热轧钢板桩的生产无论是技术装备，还是生产工艺、技术标准、行业规范等都处于一个摸索阶段，因此一直未能实现正常生产。2007 年 12 月 1 日，由马钢负责编制的《U 型钢板桩》（GB 20933—2007）国家标准开始正式实施。2014 年 5 月 1 日，由南京万汇、武钢集团汉口轧钢厂负责编制的《冷弯钢板桩》（GB 29654—2013）国家标准开始正式实施。

随着我国建设企业对钢板桩认识逐步加强，尤其是进入 21 世纪后，我国基础设施建设力度的空前加大，出现了各类快捷、高效、环保的建筑施工方法，热轧钢板桩在工程中应用逐渐得到提升，其绿色环保等方面的突出优势也越来越被国内用户所认同。国内一些重大工程项目中已经开始大量使用钢板桩和相应的工法，比如浦东国际机场二期工程、上海长兴岛造船基地、唐山曹妃甸码头一次性用量均在 1 万 t 以上。

2011 年之前国内热轧 U 型钢板桩基本依赖进口，进口量随着国内需求量的变动呈现大幅波动之势。受2010年热轧U型钢板桩的旺盛需求和高价格的刺激，国内部分具有轧制条件的钢厂开始研发热轧U型钢板桩。2011年武钢集团热轧U型钢板桩率先在国内批量生产，先后应用于杭州湾大桥、港珠澳大桥、上海迪斯尼乐园、武汉二七长江大桥、武汉东湖隧道等多项重大工程，产生了显著的社会效益和经济效益，推动了我国热轧钢板桩的技术进步，同时成功将产品打入国际市场，实现了我国热轧钢板桩从进口到出口的历史性跨越。

1.2 组合型钢板桩主要结构形式

钢板桩刚度较小，难以适应对变形要求较高的基坑支护工程。据《热轧钢板桩》(GB/T 20933—2007) 规定，国产U型钢板桩的截面模量为529～3820cm^3/m。为了获得更大的刚度，近年来国内外开始研究将钢板桩之间进行组合或将钢板桩与型钢进行组合，形成组合型钢板桩并得到了一些应用。组合型钢板桩支护相对于单一的钢板桩支护具有更大的强度和刚度，将其应用于深度较大的基坑工程，也可以较好地控制基坑的变形，兼其自身具有施工速度快、止水性能好、环境影响小、可重复使用等特点，因而在基坑工程中具有良好的适用性，应用前景十分广阔。

组合型钢板桩主要包括以下几种常用桩型：

1.2.1 HZ/AZ组合钢板桩

HZ/AZ组合钢板桩包括HZ主桩和AZ辅桩。HZ主桩是主要的支撑结构，AZ辅桩作为填充构件，主辅桩采用特殊的连接件连接在一起。HZ钢作为主桩，为主要的受力构件。在支挡结构中，其主要承受侧向的土压力和水压力；在承重结构中，其主要作用是把上部的荷载传递到地基上。AZ型桩作为辅桩，主要作用是连接主桩使之形成连续的板桩墙，并将土压力或其他荷载传递给主桩。辅桩可以比主桩短，根据设计，一般可以做到80%的长度。常用的AZ桩型号为AZ18。主桩、辅桩之间通过特殊的连接件进行连接，如RDUZ16/18、RH16/18等。

曹妃甸港煤码头是目前中国最大的钢板桩结构码头，也是国内首次采用HZ组合钢板桩做前墙的一种新的码头结构形式。曹妃甸港煤码头的码头前墙采用从卢森堡进口的HZ975B和AZ18 10/10型组合钢板桩，采购总重量达10129.324t。设计桩顶标高为1.0m，H型钢（主桩）桩尖标高为−28.0m，AZ型钢（辅桩）桩尖标高为−22.0m。在每组钢板桩包括1根长29m（锁口长23m）、质量为7.923t的主桩和2根长23m、总质量3.577t的辅桩。主桩之间的2根辅桩由彼此锁口相连，主桩与辅桩衔接处配接型号为RZU16和RZD16的锁口各1根，共计875组（含一组异形桩）。在每组钢板桩中，相邻主桩间的中心距为1.79m，主桩间的2根辅桩在出厂前已分别组拼成型，两侧锁口间距为1.26m（即相邻2根主桩锁口间距）。HZ/AZ组合钢板桩断面如图1-1所示。

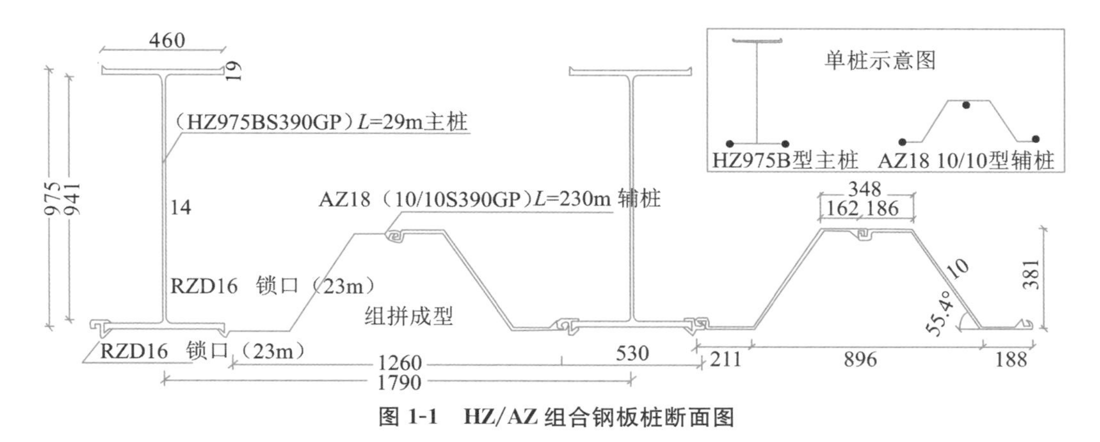

图 1-1 HZ/AZ 组合钢板桩断面图

1.2.2 CAZ 钢板桩

CAZ 钢板桩是一种六面体形式的钢板，由 4 根 Z 型钢板桩连接而成，或由 2 根 Z 型钢板桩连接后加覆一根 U 型国产槽钢。CAZ 钢板桩断面模量大（$W=3086\sim12741\text{cm}^3/\text{m}$），适用于承受很大土（水）压力的大、中型工程。该结构形式具有刚度大、承载能力强（不仅可承受水平力，而且能承受垂直力）、对施工设备没有特殊要求等特点，目前已广泛用于大型船坞坞壁墙体上，同时也已经开始应用到国内一些 5 万～10 万吨级的码头工程。CAZ 型组合钢板桩断面如图 1-2 所示，CAZ 型组合钢板桩实景如图 1-3 所示。

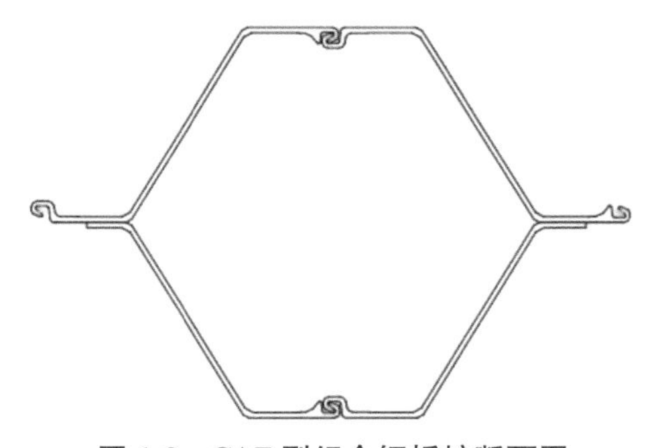

图 1-2 CAZ 型组合钢板桩断面图

图 1-3 CAZ 型组合钢板桩实景图

中船长兴造船基地 1 号线 1#、2# 船坞坞墙板桩采用 CAZ19 型组合钢板桩。CAZ19 型组合钢板桩是由卢森堡进口的 AZ19 型钢板桩与国产钢板焊机而成的复合结构，其中迎坞面为进口 AZ19 型钢板桩，长 22m，背坞面为国产钢板，长 19m，比进口部分短 3m。

1.2.3 圆钢管组合钢板桩

采用钢管板桩与 U 型桩或 Z 型桩组合而成。由于钢管板桩的锁口空隙较大，便于钢板桩的插入，可以实现快速和高质量的施工。圆钢管组合钢板桩断面如图 1-4 所示，圆钢管组合钢板桩如图 1-5 所示。

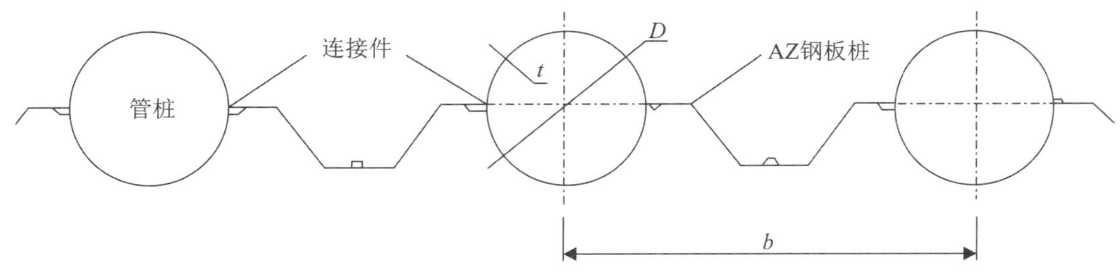

图 1-4　圆钢管组合钢板桩断面图

图 1-5　圆钢管组合钢板桩

1.3　H＋Hat组合型钢板桩简介

H＋Hat组合型钢板桩是日铁公司于 2008 年提出一种新型组合形式。该形式是采用热轧宽幅帽型（Hat）钢板桩和 H 型钢桩通过角焊连接，形成一个统一受力整体来抵抗水土压力，其结构构造如图 1-6 至图 1-9 所示。

热轧宽幅帽型（Hat）钢板桩共两种形式，分别为 10H 型帽型钢板桩和 25H 型帽型钢板桩，其结构构造如图 1-10、图 1-11 所示。

H 型钢采用国产标准型 H 型钢，H 型钢从 350mm 到 900mm，可根据不同刚度需求配置不同型式的 H 型钢。帽型＋H 型组合式钢板桩可用于岸壁和船坞等港湾建筑物、桥梁基础建设用临时工程、城市地铁、道路工程以及建筑支护结构。帽型＋H 型组合式钢板桩用于临时支护结构如图 1-12、图 1-13 所示。

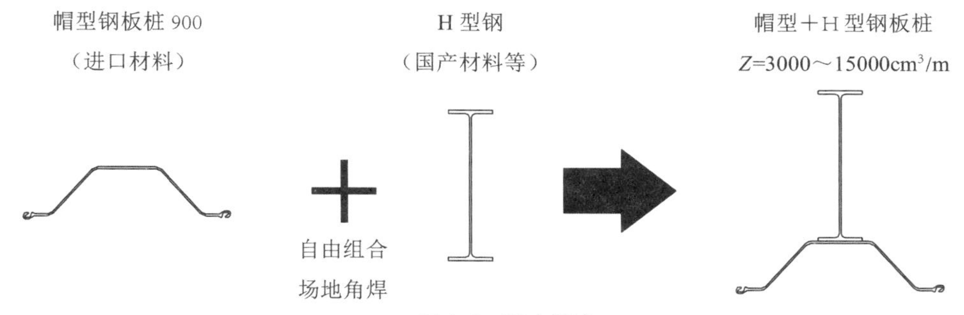

图 1-6 基本概念

图 1-7 H＋Hat组合型钢板桩成品

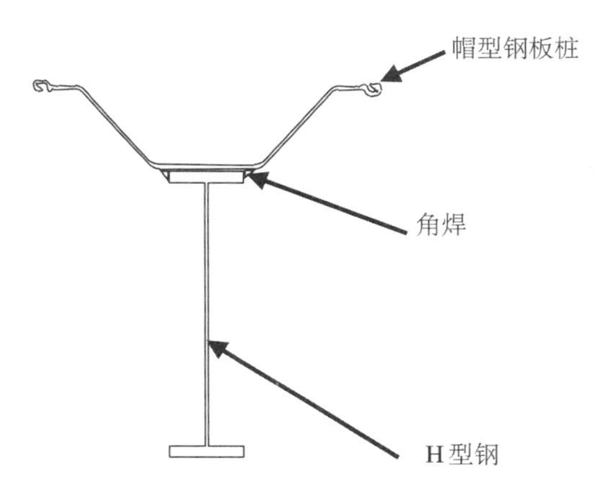

图 1-8 H＋Hat组合型钢板桩构造剖面图

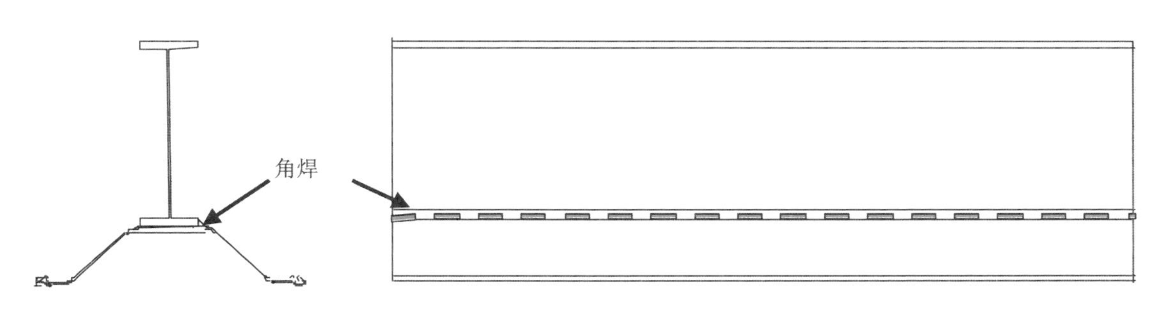

图 1-9 H＋Hat组合型钢板桩构造立面图

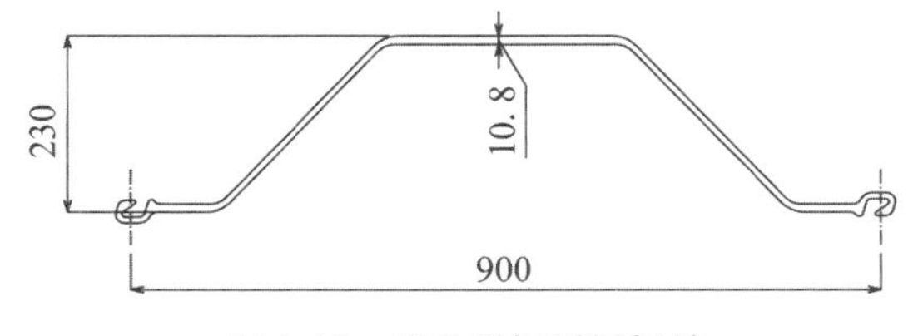

图 1-10 10H 型帽型钢板桩

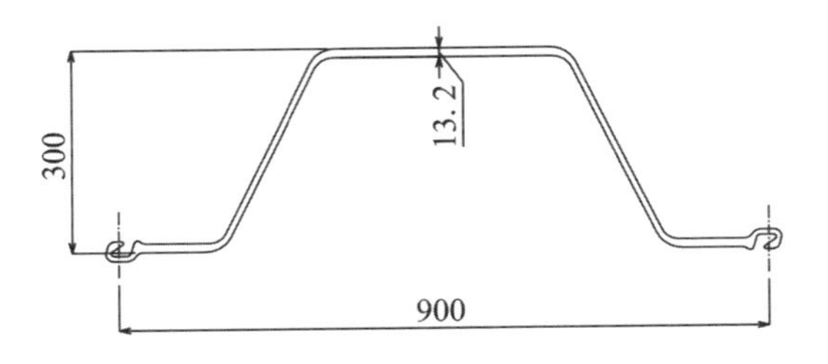

图 1-11　25H 型帽型钢板桩

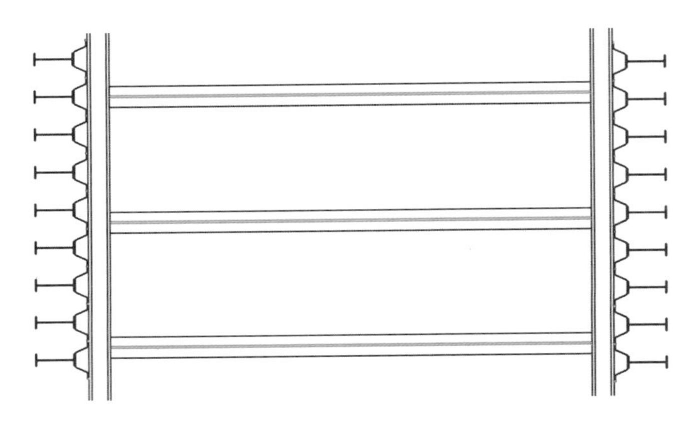

图 1-12　帽型＋H 型组合钢板桩应用示意图（平面图）

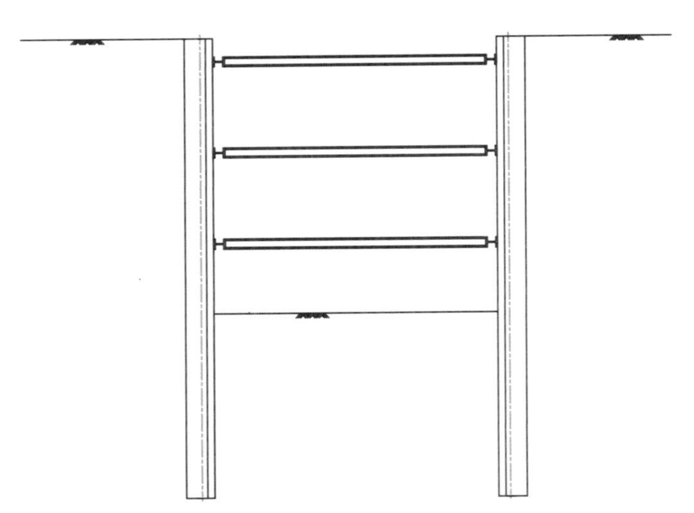

图 1-13　帽型＋H 型组合钢板桩应用示意图（剖面图）

与其他钢板桩组合型式相比，H＋Hat组合型钢板桩具有以下特点：

（1）构造简单，施工便利

目前，常用的 HZ/AZ、CAZ 组合型钢板桩结构型式比较复杂，因而对施工技术要求较高，施工质量不易控制。而H＋Hat组合型钢板桩采用热轧宽幅帽型钢板桩和 H 型钢板桩通过焊接组合，避免了复杂的锁口连接，构造形式比较简单，因而施工便捷，质量容易保证。

（2）抗弯刚度大

据日铁公司的钢板桩力学性能数据，普通U型拉森钢板桩的截面模量为509～3820cm^3/m（不同型号有所不同），一般的组合型式截面模量也不超过5000cm^3/m，而H＋Hat组合型钢板桩的截面模量可达3000～15000cm^3/m。可见，H＋Hat组合型钢板桩的抗弯刚度较普通钢板桩有较大的提高。

（3）受力形式合理

HZ/AZ、CAZ等组合型钢板桩之间通过锁口进行连接，而H＋Hat组合型将帽型钢板桩和H型钢板桩通过角焊连接成一个统一的受力整体，相对于其他结构型式更能充分发挥H型钢在强轴方向的抗弯刚度，受力更加合理。

（4）经济性能好

目前，国内工程采用的HZ/AZ、CAZ等组合型钢板桩均全部从日本、欧洲进口，价格十分昂贵。而采用H＋Hat组合型时，可以采用国产H型钢和进口帽型钢板桩进行组合，一定程度上提高了国产化率，从而降低了成本，经济性能好。

与传统支护结构的对比分析，H＋Hat组合型钢板桩的优点主要表现为：

1）相对于传统的永久性结构措施，实现了临时性结构措施应用于临时性工程。

2）具有可重复使用性，其应用成本远小于传统的基坑支护结构。

3）具有结构自防水功能，H＋Hat组合型钢板桩之间通过锁口连接，自身具备较好的防水效果，不必专门设置止水措施进行止水。

4）组合型钢板桩对环境的影响相对较小。组合型钢板桩在施工结束后会拔出，不会向地下注入大量的钢筋混凝土等永久性保留的物质，对地下环境基本无污染。

5）施工简单、快捷。组合型钢板桩采用静压机施工，其噪音小，施工速度快，比较适合于在城市中对工期要求短且严格控制噪音的区域施工。

2 H＋Hat组合型钢板桩结构特性及设计方法

2.1 截面力学参数

2.1.1 计算方法

确定帽型钢板桩和 H 型钢组合后的截面性能是对其进行结构力学分析的基础，本书采用材料力学方法对其截面中性轴、截面惯性矩、截面模量等截面力学参数进行计算。计算简图如图 2-1 所示，计算方法如下：

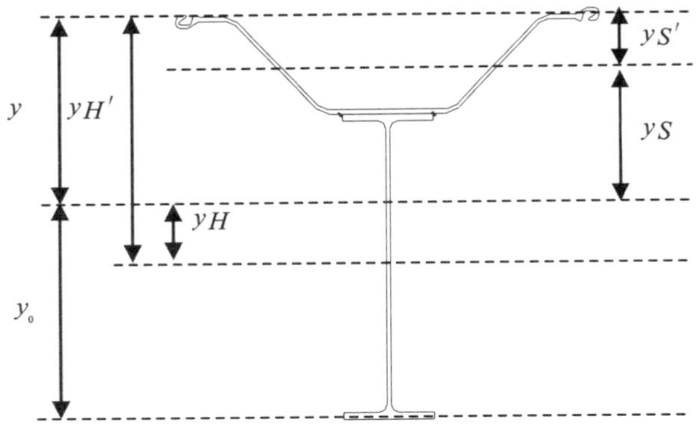

图 2-1 H＋Hat组合型钢板桩截面力学参数计算简图

（1）重量 W

$$W = W_S + W_H \tag{2-1}$$

式中：W——帽型＋H 型组合式钢板桩的重量；

W_S——帽型钢板桩的重量；

W_H——H 型钢的重量。

（2）截面积 A

$$A = A_S + A_H \tag{2-2}$$

式中：A——帽型＋H 型组合式钢板桩的截面面积；

A_S——帽型钢板桩 900 的截面面积；

A_H——H 型钢的截面面积。

（3）截面惯性矩

$$I = I_S + A_S \cdot {y_S}^2 + I_H + A_H \cdot {y_H}^2 \quad (2\text{-}3)$$

$$I' = I/w \quad (2\text{-}4)$$

式中：I——1 个帽型＋H 型组合式钢板桩的截面惯性矩；

I_S——帽型钢板桩 900 单体的截面惯性矩；

I_H——单片 H 型钢的截面惯性矩；

y_S——单片帽型钢板桩的中性轴到帽型＋H 型组合式钢板桩的中性轴的距离；

y_H——H 型钢的中性轴到帽型＋H 型组合式钢板桩的中性轴的距离；

I'——每延米壁体的帽型＋H 型钢的截面惯性矩；

w——帽型 900 的有效宽度（900mm）。

（4）帽型＋H 型组合式钢板桩的中性轴的计算方法

$$y = Q/A \quad (2\text{-}5)$$

式中：y——帽型＋H 型组合式钢板桩的中性轴到基准轴的距离；

Q——帽型＋H 型对于中性轴的截面一次矩。

$$Q = Q_S + Q_H \quad (2\text{-}6)$$

式中：Q_S——帽型钢板桩对于自身中性轴的截面一次矩。

Q_H——H 型钢对于自身中性轴的截面一次矩。

$$Q_S = A_S \cdot y'_S \quad (2\text{-}7)$$

$$Q_H = A_H \cdot y_H \quad (2\text{-}8)$$

式中：y'_S——帽型钢板桩的中性轴到帽型钢板桩外缘（基准轴）的距离。

y_H——H 型钢的中性轴到帽型＋H 型的中性轴的距离。

$$Z_C = I/y_0 \quad (2\text{-}9)$$

$$Z'_C = Z_C/W \quad (2\text{-}10)$$

式中：Z_C——单片 H＋Hat 型组合式钢板桩的截面模量；

I——单片 H＋Hat 型组合式钢板桩的截面惯性矩；

y_0——H＋Hat 型组合式钢板桩的中性轴到 H 型钢最外缘的距离；

Z'_C——每延米壁体的 H＋Hat 型的截面模量。

2.1.2 截面参数

（1）Hat 型钢

目前，常用的帽型钢板桩型式主要有两种：型号分别为 NSP-10H 和 NSP-25H。其截面尺寸、单片钢板桩的截面性能、所用钢材的机械性能、化学成分分别如图 2-2、表 2-1、表 2-2、表 2-3 所示。帽型钢板桩单根最大长度为 30m。H 型钢采用《热轧 H 型钢和剖分

T 型钢》(GB/T 11263—2010)中规定的标准 H 型钢进行计算。

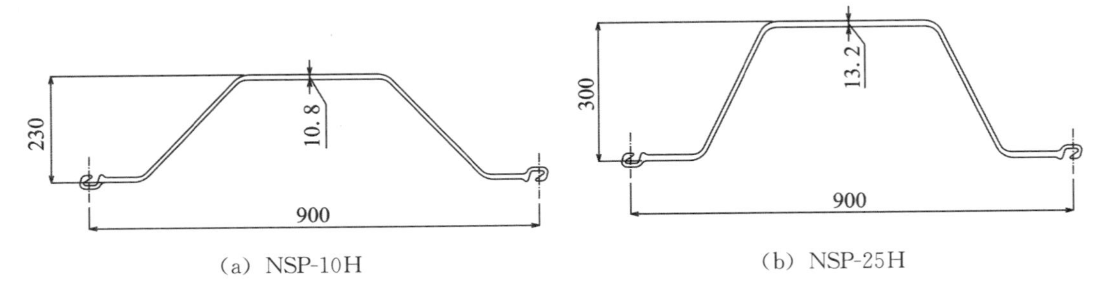

(a) NSP-10H (b) NSP-25H

图 2-2 Hat 型钢板桩 900 截面图

表 2-1 Hat 型钢板桩 900 截面性能

类型	尺寸			单片钢板桩				每延米壁长			
	有效宽度	有效高度	腹板厚度	截面面积	截面惯性矩	截面模量	理论重量	截面积	截面惯性矩	截面模量	理论重量
	W	*h*	*t*	*A*	*I*	*Z*	*W*	*A*	*I*	*Z*	*W*
	Mm	mm	mm	cm^2	cm^4	cm^3	kg/m	cm^2/m	cm^4/m	cm^3/m	kg/m^2
NSP-10H	900	230	10.8	110.0	9430	812	86.4	122.2	10500	902	96.0
NSP-25H	900	300	13.2	144.4	22000	1450	113.0	160.4	24400	1610	126.0

表 2-2 Hat 型钢板桩 900 的规格(机械性能)

名称	牌号	机械性能			
		屈服点的强度	抗拉强度(N/mm^2)	延伸率(%)	热量吸收 *J*(0℃)
焊接用热轧钢板桩 JIS A5523	SYW295	295 以上	490 以上	17 以上	43 以上

表 2-3 Hat 型钢板桩 900 的规格(化学成分)

名称	牌号	化学成分(%)						
		C	Si	Mn	P	S	自由氮	碳当量
焊接用热轧钢板桩 JIS A5523	SYW295	0.18 以下	0.55 以下	1.50 以下	0.04 以下	0.04 以下	0.0060 以下	0.44 以下

(2) H 型钢

在日本国内应用时,组合型钢板桩采用日本国产的 H 型钢,以日铁公司生产的 H 型钢为例,规格如表 2-4、表 2-5 所示。我国生产的材质为 Q345B 的 H 型钢在化学成分和力学性质方面都比较接近日本 SM490 钢材的性质,主要不同在于国内钢材硫黄成分稍高,如表 2-6、表 2-7 所示。国产 H 型钢的规格见《热轧 H 型钢和剖分 T 型钢》(GB/T

11263—2010）表 1：H 型钢截面尺寸、截面面积、理论重量及截面特性。

表 2-4　　日铁公司 H 型钢规格（机械性能）

名称	牌号	机械性能						
		屈服点的强度（N/mm^2）				抗拉强度（N/mm^2）	延伸率（%）	
		翼缘厚度						
		$6 \leqslant t < 12$	$12 \leqslant t < 16$	$t = 16$	$16 < t \leqslant 40$		$5 \leqslant t \leqslant 16$	$16 < t \leqslant 50$
焊接构造用热轧钢材 JIS G 3106	SM490A	325 以上	325 以上	325 以上	315 以上	470 以上 630 以下	17 以上	21 以上

表 2-5　　日铁公司 H 型钢规格（化学成分）

名称	牌号	化学成分（%）					
		翼缘厚度	C	Si	Mn	P	S
焊接构造用热轧钢材 JIS G 3106	SM490A	$t \leqslant 50$，$50 \leqslant t \leqslant 200$	0.20 以下，0.22 以下	0.55 以下	1.60 以下	0.035 以下	0.035 以下

表 2-6　　中国国内标准 H 型钢规格（机械性能）

名称	牌号	机械性能			
		屈服点的强度（N/mm^2）		抗拉强度（N/mm^2）	延伸率（%）
		翼缘厚度（mm）			
		16 以下	16～35		
构造用低合金高强度钢 GB/T 1591	Q345B	345 以上	325 以上	470 以上，630 以下	21 以上

表 2-7　　中国国内标准 H 型钢规格（化学成分）

名称	牌号	化学成分（%）				
		C	Si	Mn	P	S
构造用低合金高强度钢 GB/T 1591	Q345B	0.20 以下	0.55 以下	1.60 以下	0.04 以下	0.04 以下

（3）H+Hat型钢

为了方便查阅，采用 2.1.1 节的截面力学参数的计算方法，将常用 Hat 型钢板桩和 H 型钢组合后的截面力学参数进行了计算。H+Hat组合型钢板桩常见组合截面性能计算结果汇总见附录。

2.2 截面抗弯性能

首先，通过室内弯曲试验对H＋Hat组合型钢板桩在外荷载作用下的弯矩—曲率关系、应力应变沿截面的分布以及不同屈服强度材料进行组合的效果进行分析，据此来验证帽型钢板桩与 H 型钢组合后的抗弯工作性能。此外，考虑到组合型钢板桩在实际工作中将受到更为复杂的水、土压力的作用，荷载类型及受力状态均和室内抗弯试验有较大的区别，为更加深入分析H＋Hat组合型钢板桩在实际工况下的应力与变形特征，验证其抗弯工作性能，本书在室内弯曲试验分析的基础上，又采用数值计算方法对H＋Hat组合型钢板桩的抗弯性能进行了研究。

2.2.1 室内弯曲试验

为了分析H＋Hat组合型钢板桩在荷载作用下荷载—变形关系，应力、应变变化特征，校核组合型钢板桩的抗弯强度，验证帽型钢板桩与 H 型钢组合后的协同工作性能，本书首先通过室内弯曲试验，对H＋Hat组合钢板桩在荷载作用下弯矩—曲率关系、应力应变沿截面高度的分布以及不同屈服强度材料进行组合的效果进行研究。

2.2.1.1 试验方案设计

室内弯曲试验模型如图 2-3 所示。

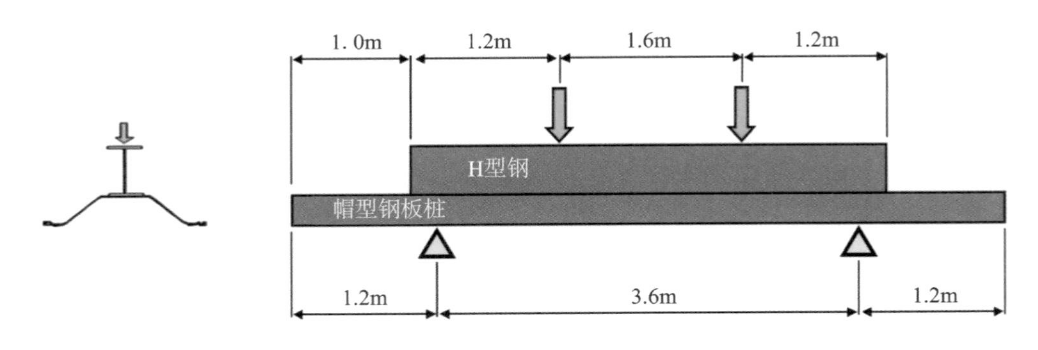

图 2-3 室内弯曲试验模型示意图

（1）试验桩

试验桩采用尺寸为 H 400mm×200mm×9mm×11mm 的 H 型钢与 NSP-10H 型帽型钢板桩组合，帽型钢板桩长 6m，焊接 H 型钢长 4m。帽型钢板桩与 H 型钢之间，通过脚长为 6mm 的堆焊固定，焊接率为 100％。帽型钢板桩的屈服强度为 295N/mm^2，抗拉强度为 490N/mm^2；H 型钢的屈服强度为 325N/mm^2，抗拉强度为 470N/mm^2，如表 2-8 所示。

表 2-8　　实验所用帽型钢板桩与 H 型钢的材料参数

类型	型号	钢材牌号	屈服强度 (N/mm^2)	抗拉强度 (N/mm^2)	长度 (m)
Hat 型钢板桩	NSP-10H	SYW295	295	490	6
H 型钢	H 400×200×9×11	SM490A	325	470	4

（2）加载方式

共有 2 个支撑点，2 个荷载点，荷载点距离 H 型钢两端的距离为 1.2m，试验荷载通过分载梁传递到 H 型钢上的 2 个荷载点，在 2 个荷载点之间 1.6m 长度范围内为纯弯曲段，如图 2-3 所示。试验加载方式为单调直线加载，直至试验桩发生破坏。

（3）数据量测

在试验桩中点位置处，在帽型钢板桩和 H 型钢上分别粘贴 3 组电阻应变片，来测量荷载作用下试验桩中部的纵向应变值。在跨中安装竖向位移计，来测量荷载作用下跨中的挠度变化。

试验装置及试验对象如图 2-4 所示。

（a）试验装置

（b）试验对象

图 2-4　试验装置及试验对象

2.2.1.2　试验结果分析

（1）弯矩—曲率关系分析

试验桩中点处的实测弯矩—曲率关系曲线如图 2-5 所示。

由图 2-5 可知，试验组合型钢板桩的抗弯屈服弯矩为 620kN·m，抗弯强度为 1080kN·m。将组合型钢板桩简化为简支梁，采用材料力学中的弯矩—曲率计算公式，计算得到了曲率随弯矩变化的理论值，如图 2-5 中实线所示。对比试验值与计算值两条曲线可知，在达到屈服点之前，试验实测值与材料力学公式计算值基本一致。这说明在弹性变形范围内，帽型钢板桩与 H 型钢组合后抗弯工作性能良好，采用传统的材料力学方法计算其变形是安全可靠的。

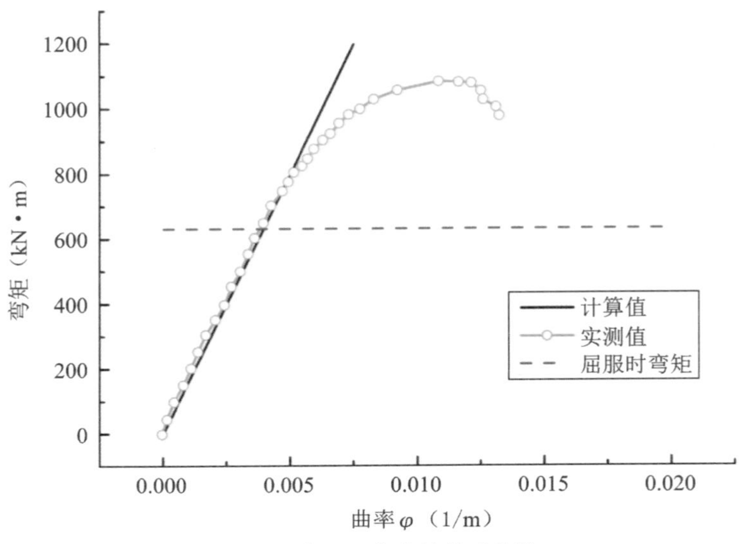

图 2-5　弯矩—曲率的关系曲线

（2）应力应变分析

当H型钢外侧翼缘应力分别为140MPa及307MPa时，在组合钢板桩中央截面上各个高度处的实测应变分布如图2-6所示。

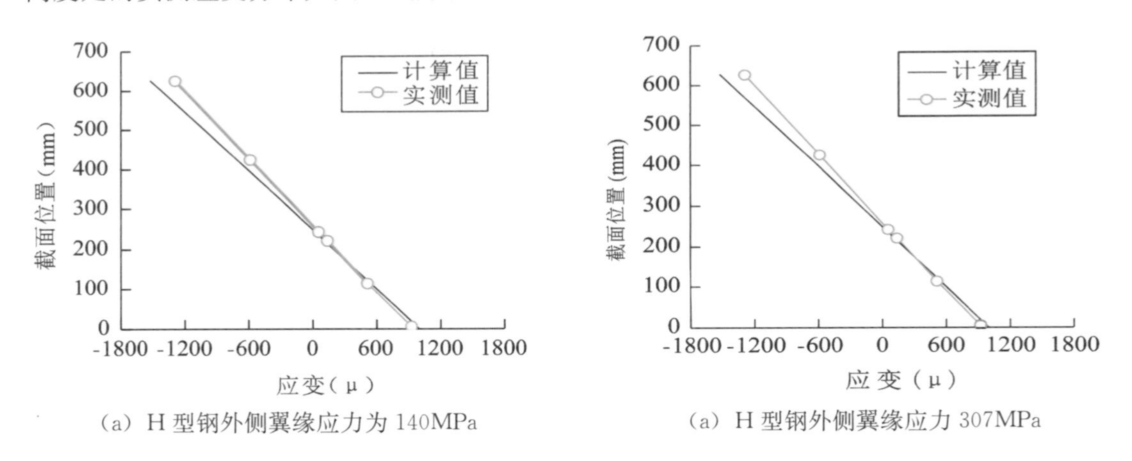

（a）H型钢外侧翼缘应力为140MPa　　（a）H型钢外侧翼缘应力307MPa

图 2-6　应变沿组合型钢板桩截面的分布

由图2-6可知：①当H型钢外侧翼缘应力分别为140MPa、307MPa时，中性轴（即应变为0的位置）的位置分别为262mm和264mm，与计算值258mm（采用2.1.1节中公式计算）基本一致，说明组合型钢板桩在弹性范围内受弯时中性轴截面满足保持平面的假定，采用材料力学公式计算组合型钢板桩的应力应变是安全可靠的。②在帽型钢板桩与H型钢的焊接处（230mm处），应变从帽型钢板桩到H型钢的过渡是线性的。由胡克定律可知，应力沿截面高度的分布也是线性的，并未在脚焊连接处发生应力突变。这说明在弹性范围内受弯时，帽型钢板桩和 H 型钢是共同抵抗荷载的作用的，组合抗弯工作性能良好。

（3）材料组合效果分析

图 2-6 所示两种应力状态下，H 型钢外侧翼缘和帽型钢板桩外侧翼缘所受应力值以及应力与屈服应力之比如表 2-9 所示。

表 2-9　　H 型钢和帽型钢板桩

H 型钢外侧翼缘		帽型钢板桩外侧翼缘	
应力值（MPa）	应力/屈服应力之比	应力值（MPa）	应力/屈服应力之比
−140	0.43	106	0.36
−307	0.94	219	0.74

注："—"表示 H 型钢外侧翼缘所受应力为压应力。

由表 2-9 可知，当 H 型钢外侧翼缘接近屈服时（应力与屈服应力之比为 0.94），帽型钢板桩距离屈服还有较大的一段距离（应力与屈服应力之比为 0.74），这是由于组合型钢板桩的中性轴在组合钢板桩高度 40%～45%的位置，帽型钢板桩与 H 型钢组合后的抗弯性能是由距离中轴较远的 H 型钢外侧翼缘的抗弯能力所决定的。在H+Hat组合型钢板桩中，使用的 H 型钢的尺寸是自由的，且材质的组合也是自由的，考虑到上述构造特性，在组合构造中，为了使 H 型钢和帽型钢板桩的强度性能都得到充分发挥，组合时所选 H 型钢屈服强度要选的比帽型钢板桩高。因此，在试验中所采用的 SYW295 与 SM490A 牌号钢材的组合是合适的，将最小屈服强度为 355～365N/mm^2 的 H 型钢与最小屈服强度为 295N/mm^2 的帽型钢板桩作为一般组合标准。这种组合，能充分发挥 H 型钢与帽型钢板桩的强度性能。

2.2.2　抗弯性能数值分析

考虑到组合型钢板桩在实际工作中将受到更为复杂的水、土压力作用，荷载类型及受力状态均和室内弯曲试验有较大的区别，为更加深入地分析组合型钢板桩在实际工况下的抗弯性能，采用 Midas 有限元计算软件，建立组合型钢板桩数值计算模型，对组合型钢板桩的抗弯性能进行验证，计算模型及计算结果分析如下：

2.2.2.1　计算模型

计算模型采用 NSP-10H 帽型钢板桩与 H700mm×200mm×9mm×16mm 的 H 型钢进行组合，帽型钢板桩钢材为 SYW295，屈服强度为 295N/mm^2，抗拉强度为 490N/mm^2，H 型钢钢材为 SM490YA，屈服强度为 355N/mm^2，抗拉强度为 470N/mm^2，如表 2-10 所示。采用 2.1.1 节中的计算得到了帽型钢板桩与 H 型钢组合后的截面参数，如表 2-11所示。

表 2-10　　数值模型帽型钢板桩与 H 型钢的材料参数

类型	型号	钢材牌号	屈服强度（N/mm^2）	抗拉强度（N/mm^2）	长度（m）
帽型钢板桩	NSP-10H	SYW295	295	490	14
H 型钢	H700×200×9×16	SM490YA	355	470	14

表 2-11　　帽型钢板桩与 H 型钢组合后的截面参数

组合型式	截面积（cm^2）	中性轴高度（mm）	截面惯性矩（cm^4）	截面模量	
				中性轴至 H 型钢边缘（cm^3）	中性轴至帽型钢板桩边缘（cm^3）
NSP-10H 与 H700×200×9×16	231.0	375	231816	417686	618176

组合型钢板桩模型总长 14m，两端支座距桩端 1m，在支座范围内长 12m 的区间施加三角形分布荷载，进行分析计算，数值计算模型如图 2-7 所示。数值计算模型中之所以采用三角形分布荷载，是因为在船坞、基坑等支护结构中，主要的载荷来自水压、土压等，随着深度的加深，载荷也随之增大，荷载分布形式接近于三角形分布，故采用三角形分布和在更加接近组合型钢板桩的实际工况。

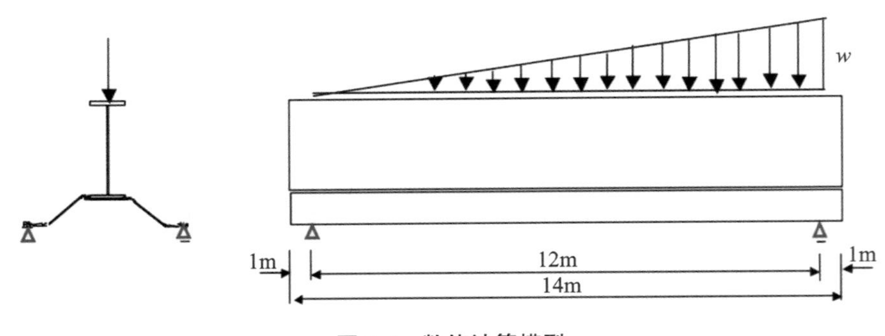

图 2-7　数值计算模型

在数值计算时，采用 solid 单元建立有限元模型，模型节点数约 10000，单元数约 36000，沿长度方向以 10cm 为单位进行网格划分。边界条件为：在左侧支座处约束节点的水平和竖向位移，在右侧支座处约束节点的竖向位移。荷载施加：在组合型钢板桩 H 型钢一侧的翼缘施加三角形颁分布面分布荷载，计算时荷载分 10 个荷载步施加，左侧支座处荷载为 0kN/m^2，右侧支座处初始荷载为 100kN/m^2，之后每荷载步增量为 100kN/m^2，最大荷载为 1000kN/m^2，如表 2-12 所示。

表 2-12 数值计算各荷载步的荷载值

荷载工况	荷载分布型式	施加的面分布荷载值 P (kN/m²)		对应的线分布荷载值 w (kN/m)	
		左侧支座处	右侧支座处	左侧支座处	右侧支座处
1	三角形分布	0	100	0	0
2		0	200	0	20
3		0	300	0	40
4		0	400	0	60
5		0	500	0	80
6		0	600	0	100
7		0	700	0	120
8		0	800	0	140
9		0	900	0	160
10		0	1000	0	180

数值模型有限元网格划分、荷载分布及支座约束条件如图 2-8 所示。

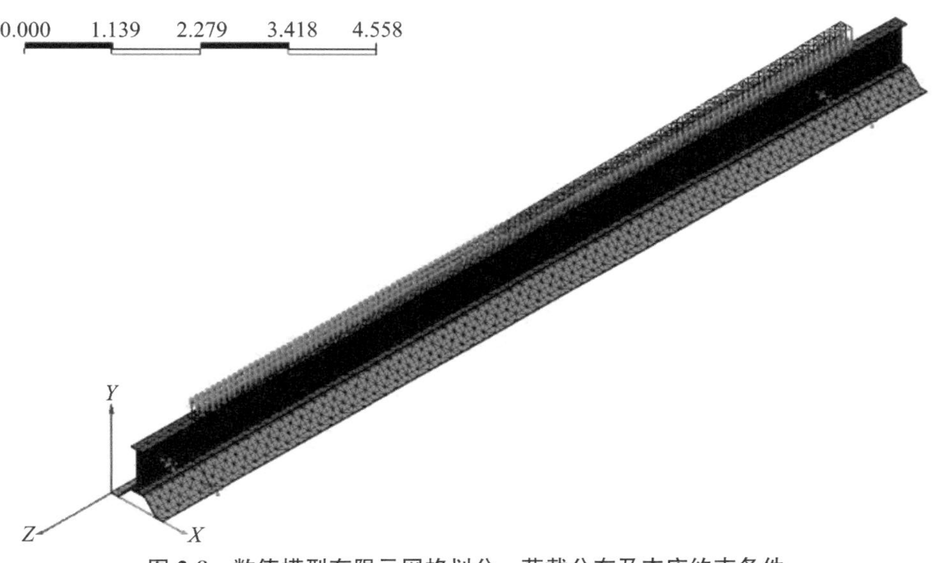

图 2-8 数值模型有限元网格划分、荷载分布及支座约束条件

2.2.2.2 计算结果分析

(1) 变形特征分析

图 2-9 为右侧支座处荷载施加至 1000kN/m² 时H+Hat组合型钢板桩竖向位移云图。由图 2-9 可知，竖向位移最大值出现在组合型钢板桩中部稍偏向右侧支座一侧，图示工况下最大竖向位移为 0.107m，位于距左侧支座 6.6m 处。

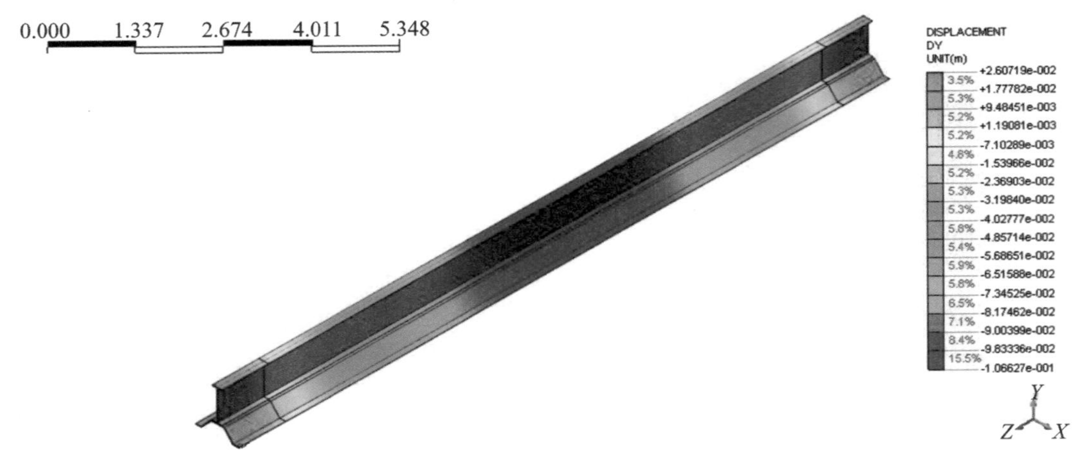

图 2-9　组合型钢板桩竖向位移云图（荷载 P=1000kN/m²）

（2）荷载—挠度关系分析

将H＋Hat组合型钢板桩简化为简支梁，采用材料力学中简支梁挠度计算公式计算得到了各荷载工况下最大挠度的理论大小和位置，和数值计算结果进行对比，如表 2-13 所示。组合型钢板桩在三角形分布荷载作用下的荷载—挠度关系曲线如图 2-10 所示。

表 2-13　各荷载工况下的挠度计算结果

荷载工况	材料力学公式计算		数值计算	
	最大挠度位置（m）	挠度（m）	最大挠度位置（m）	挠度（m）
1	6.928	0.006	6.3	0.006
2	6.928	0.012	6.3	0.012
3	6.928	0.017	6.3	0.018
4	6.928	0.023	6.3	0.025
5	6.928	0.029	6.3	0.031
6	6.928	0.035	6.3	0.037
7	6.928	0.041	6.3	0.043
8	6.928	0.047	6.3	0.05
9	6.928	0.052	6.3	0.061
10	6.928	0.058	6.6	0.107

注：最大挠度位置为挠度最大处相对左侧支座的距离。

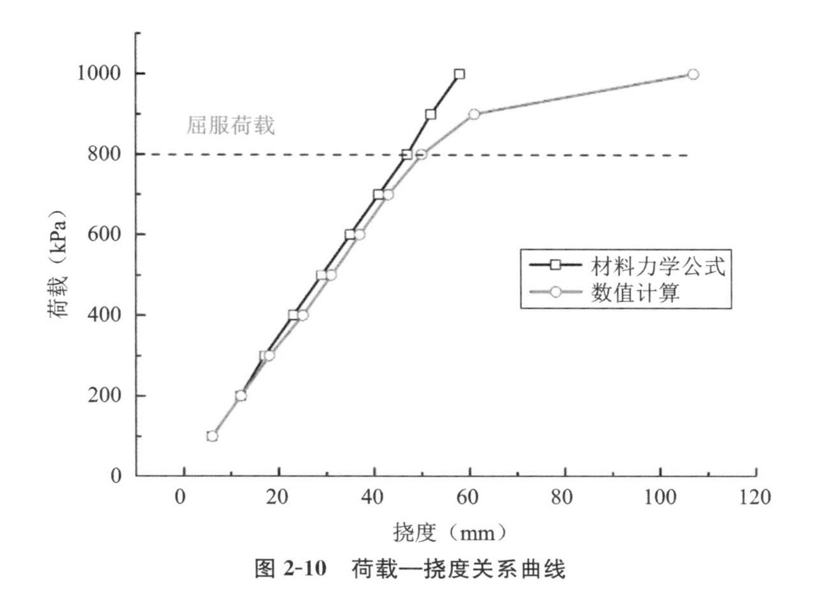

图 2-10　荷载—挠度关系曲线

由表 2-13、图 2-10 可知，在外荷载作用下，在达到屈服点之前，采用材料力学公式计算得到的挠度计算结果和数值计算结果基本一致，计算误差在 6%以内。这说明在弹性变形范围内，帽型钢板桩与 H 型钢组合后抗弯工作性能良好，在进行组合型钢板桩设计时，可以将其简化为简支梁，采用传统的材料力学计算方法计算其挠曲变形。

（3）应力分析

图 2-11 为工况 10 条件下H＋Hat组合型钢板桩轴向应力云图。

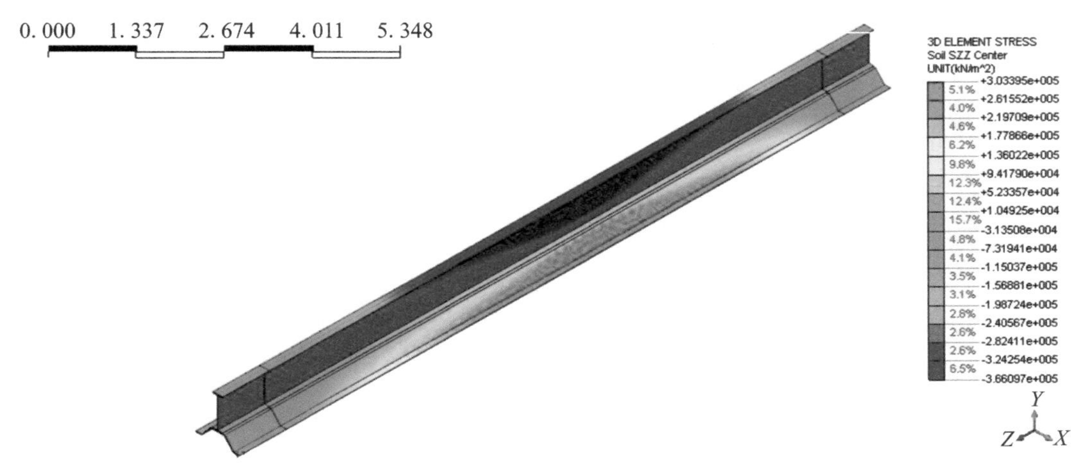

图 2-11　组合型钢板桩轴向应力云图（荷载 P＝1000kN/m²）

由图 2-11 可知，在外荷载作用下，组合钢板桩的应力集中在中部稍偏向右侧支座的位置，最大压应力和最大拉应力分别位于 H 型钢外侧翼缘和帽型钢板桩外侧翼缘。

在各工况下组合型钢板桩 H 型钢外侧翼缘和帽型钢板桩外侧翼缘的应力数值计算结

果如表 2-14。将组合型钢板桩简化为简支梁，采用材料力学中梁截面的正应力计算公式计算得到了 H 型钢外侧翼缘和帽型钢板桩外侧翼缘的应力数值，和数值计算结果进行对比，如表 2-14、图 2-12所示。

表 2-14　H 型钢外侧翼缘和帽型钢板桩外侧翼缘的应力数值计算结果

荷载工况	材料力学公式计算			数值计算	
	弯矩值（kN·m）	H 型钢外侧翼缘应力（MPa）	帽型钢板桩外侧翼缘应力（MPa）	H 型钢外侧翼缘应力（MPa）	帽型钢板桩外侧翼缘应力（MPa）
1	184.76	−44.23	29.89	−44.89	29.95
2	369.52	−88.47	59.78	−89.78	59.91
3	554.27	−132.70	89.66	−134.67	89.86
4	739.03	−176.93	119.55	−179.56	119.82
5	923.79	−221.17	149.44	−224.45	149.77
6	1108.55	−265.40	179.33	−269.33	179.73
7	1293.30	−309.63	209.21	−314.22	209.68
8	1478.06	−353.87	239.10	−345.00	242.70
9	1662.82	−398.10	268.99	−345.23	293.79
10	1847.58	−442.34	298.88	−345.78	293.68

注：“—”表示 H 型钢外侧翼缘所受应力为压应力。

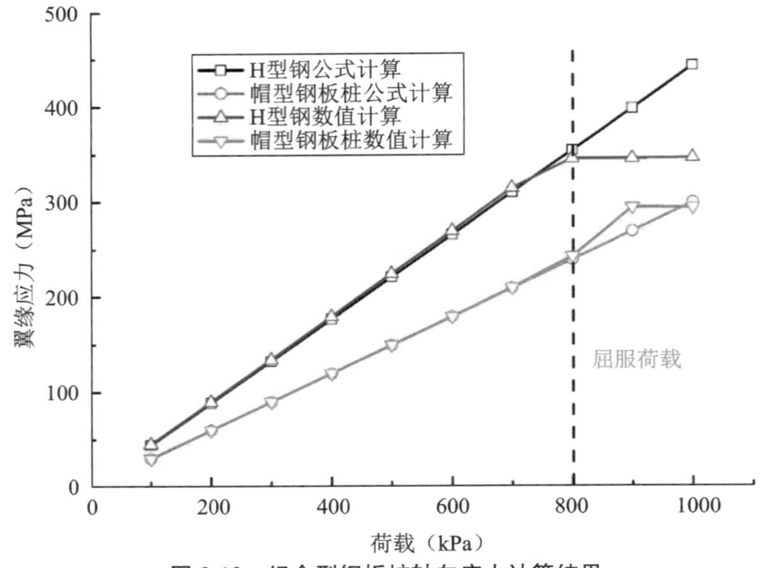

图 2-12　组合型钢板桩轴向应力计算结果

由计算结果可知，在达到屈服荷载之前，采用材料力学公式计算得到的H型钢外侧翼缘应力和帽型钢板桩外侧翼缘应力和数值计算结果基本一致，计算误差在2%以内。因此，在弹性范围内，将组合型钢板桩简化成简支梁，采用传统的材料力学公式计算其翼缘应力是安全可靠的。

由表2-14、图2-12还可以发现，H型钢的翼缘应力比帽型钢板桩翼缘应力大33%左右，因而在设计帽型钢板桩和H型钢的组合时，要选择屈服强度相适应的钢材牌号进行组合，以使帽型钢板桩和H型钢的强度性能都得到充分的发挥。数值计算采用牌号为SYW295（σ_y=295N/mm^2）和SM490YA（σ_y=335N/mm^2）的钢材进行组合，帽型钢板桩翼缘和H型钢翼缘同时达到了屈服强度，这种组合对于组合型钢板桩抗弯能力的发挥是最佳的。

（4）塑性区分析

在工况8、9、10下H+Hat组合型钢板桩的塑性区分布如图2-13所示。

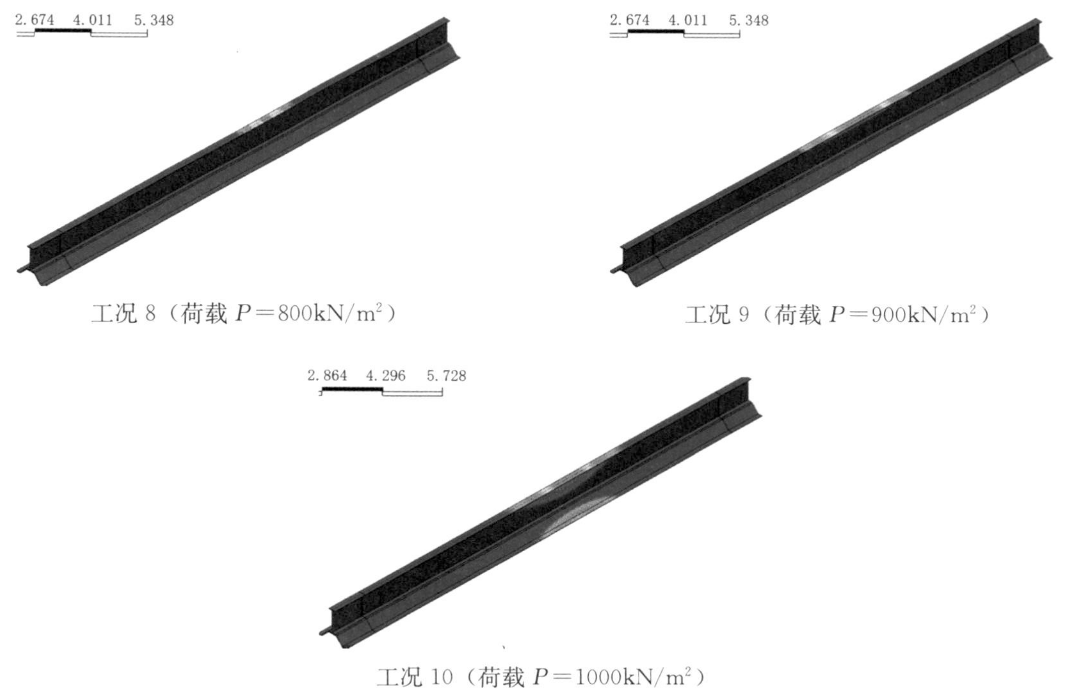

工况8（荷载P=800kN/m^2）　工况9（荷载P=900kN/m^2）

工况10（荷载P=1000kN/m^2）

图2-13 在工况8、9、10下H+Hat组合型钢板桩的塑性区分布

由图2-13可知，组合型钢板桩在三角形分布荷载达到800kN/m^{2}左右时出现塑性区，塑性区最先出现在钢板桩中部稍偏向右侧支座的H型钢翼缘。随着荷载的增加，H型钢翼缘塑性区逐渐增大，随后，塑性区在帽型钢板桩翼缘出现，并随荷载增加而扩大，当整体塑性区增大到一定量级时，组合型钢板桩变形急剧增大，发生屈服，不能继续承受弯曲荷载。

2.3 锁口抗拉性能

组合钢板桩作为一种挡土、挡水的支护结构，工作时承受着较大的水土压力荷载，土压力垂直于挡土方向，而水压力垂直于钢板桩面，组合钢板桩承受水土压力后，在锁口处会产生横向拉力，当横向拉力大于锁口抗拉强度时，就会导致锁口拉开，进而引起整个支护结构的失效，因此需对锁口的承载能力加以校核，以验证组合钢板桩锁口的强度是否满足工程要求。为此，本书采用室内锁口抗拉强度试验和数值计算来对组合型钢板桩的锁口抗拉能力进行验证。

2.3.1 锁口抗拉强度试验

为了得到H＋Hat组合型钢板桩锁口的极限抗拉强度，验证组合型钢板桩锁口的抗拉能力，专门取组合型钢板桩的锁口部分进行了室内抗拉强度试验。抗拉强度试验在500kN材料试验机上进行，试验试件取轴向长度为10cm的NSP-10H、NSP-25H钢板桩的锁口部分，2种钢板桩各制备试件3个，在试件垂直于拉伸方向上焊接了两块平行钢板，通过与焊接钢板相接触的位移传感器记录试件在拉伸荷载作用下的位移值，试验装置及试验试件如图2-14所示。

图2-14　锁口抗拉强度试验装置及试验试件

试验结果如表2-15所示。

表 2-15 锁口抗拉强度试验结果

钢板桩型式	试件	最大荷载(kN/m)	对应位移(mm)	钢板桩型式	试件	最大荷载(kN/m)	对应位移(mm)
NSP-10H	1	630	33.2	NSP-25H	1	729	24.5
	2	627	32.5		2	722	23.4
	3	621	32.1		3	726	23.3
	平均	626	32.6		平均	726	23.7

由试验结果可知，NSP-25H 锁口的抗拉能力高于 NSP-10H，NSP-25H 锁口发生破坏时的变形量小于 NSP-10H。每延米组合型钢板桩锁口的极限抗拉能力 NSP-10H 为 626kN/m、NSP-25H 为 726kN/m，破坏时相应的平均位移量 NSP-10H 为 32.6mm、NSP-25H 为 23.7mm。

2.3.2 锁口抗拉强度数值分析

通过室内抗拉强度试验得到了组合型钢板桩锁口的极限抗拉强度，当组合型钢板桩在水、土压力作用下锁口横向拉力大于锁口抗拉强度时，就会导致锁口拉开，进而引起整个支护结构的失效。但是，组合型钢板桩在水、土压力作用下的锁口拉力很难通过实测获得。采用传统的力学计算方法也很难准确计算。为此，本书将组合型钢板桩的实际受力状态进行简化，建立数值计算模型，采用数值计算方法对组合型钢板桩锁口处的横向拉力进行分析，并将分析结果与锁口抗拉试验得到的抗拉强度进行对比，来校核锁口处的抗拉承载能力是否满足强度和使用要求。

(1) 计算模型

使用 Midas 有限元数值计算软件，采用 soild 单元建立数值计算模型，采用的组合钢板桩型式为 NSP-10H、NSP-25H 帽型钢板桩分别和型号为 H700×200×9×16 的 H 型钢进行组合，模型钢板桩长 1m，焊接处 H 型钢宽 0.2m，厚 0.016m。

考虑到基坑工程的开挖深度一般不超过 20m，在此工况下水、土压力量值约为 $400kN/m^2$，故在数值模型挡土侧施加 $400kN/m^2$ 面压力荷载，方向垂直于钢板桩表面。为了便于分析锁口拉力和水土压力荷载的关系，数值计算时面压力荷载分 10 个荷载步进行施加。约束条件设置为在锁口处施加 X 方向约束，在 H 型钢与帽型钢板桩的焊接处施加 Y 向的约束。数值计算模型网格划分、约束条件及荷载分布如图 2-15 所示。

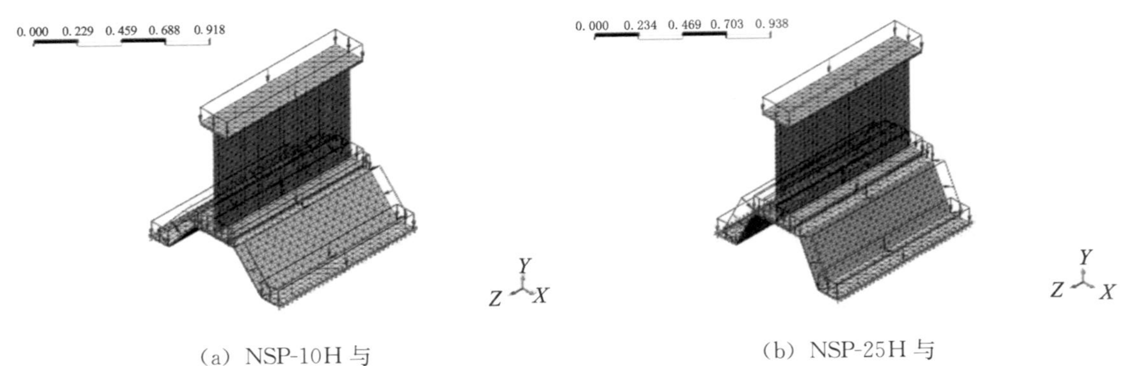

(a) NSP-10H 与
H700mm×200mm×9mm×16mm 组合

(b) NSP-25H 与
H700mm×200mm×9mm×16mm 组合

图 2-15　数值计算模型网格划分、约束条件及荷载分布

(2) 计算结果

当水土压力施加至 400kPa 时，组合型钢板桩后的锁口拉力计算结果如图 2-16、图 2-17，水土压力从 0kPa 加载至 400kPa 过程中，组合型钢板桩锁口拉力的变化曲线如图 2-18 所示。

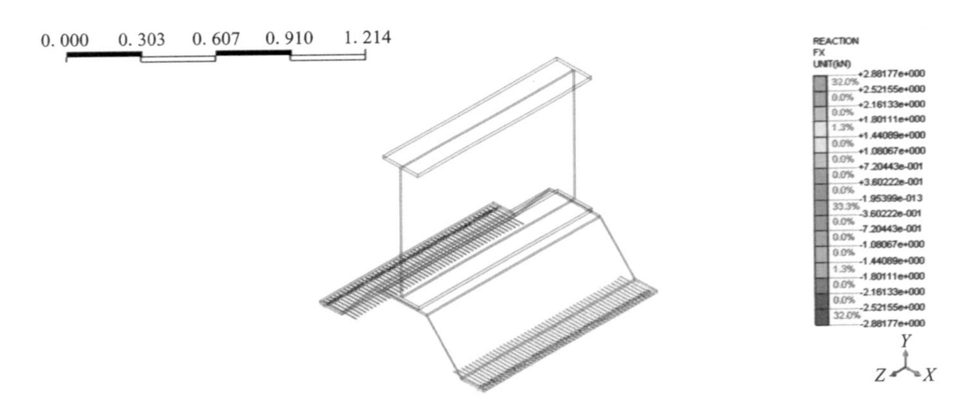

图 2-16　NSP-10H 锁口拉力计算结果（荷载值为 400kPa）

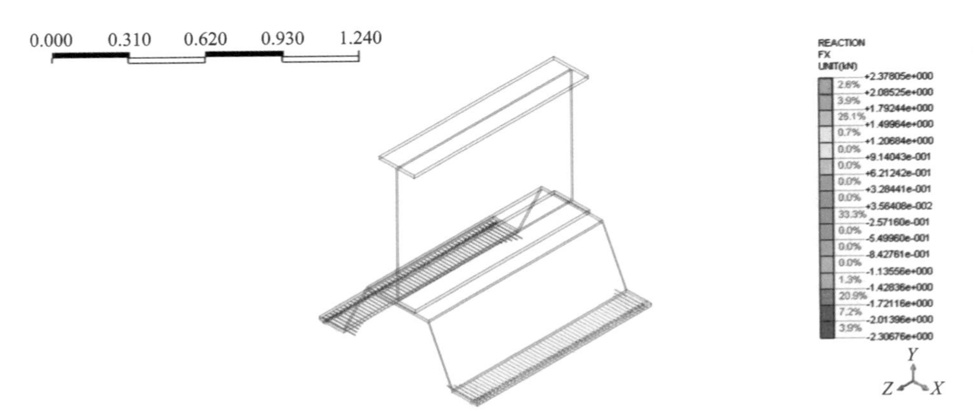

图 2-17　NSP-25H 锁口拉力计算结果（荷载值为 400kPa）

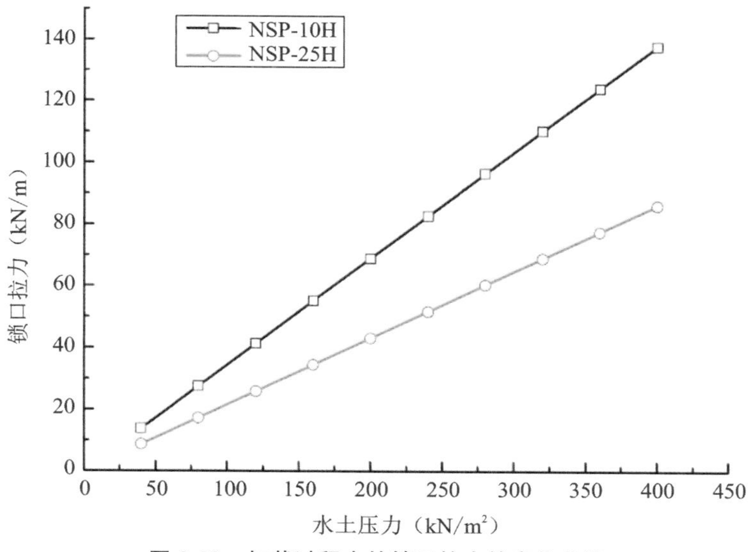

图 2-18 加载过程中的锁口拉力的变化曲线

由图 2-18 可知，锁口拉力值随水土压力荷载增加而呈线性增长，NSP-10H 锁口拉力的增长速度大于 NSP-25H，在 400kPa 的水土压力作用下，NSP-10H 与 NSP-25H 组合型钢板桩的锁口拉力值分别为 137.9kN/m、86.1kN/m，而 2.4.1 节锁口抗拉强度试验得到的 NSP-10H、NSP-25H 组合型钢板桩的锁口抗拉强度为分别为 626kN/m 和 726kN/m，由此可知钢板桩锁口抗拉强度远大于数值计算得到的锁口拉力，组合型钢板桩锁口具有足够的强度承受水土压力荷载产生的锁口拉力。

2.4 锁口止水性能

将H+Hat组合型钢板桩应用于地下水丰富地区的基坑工程时，其锁口的止水性能对于保证整个支护结构的安全至关重要，为了验证H+Hat组合型钢板桩锁口的止水能力，本书采用现场锁口止水试验来对组合型钢板桩锁口的止水性能进行研究。

2.4.1 试验概况

锁口止水试验的重点在于研究H+Hat组合型钢板桩锁口处的止水性能，而与焊接的 H 型钢无关，因此试验时仅取型号为 NSP-10H 帽型钢板桩进行研究。为了便于对比 H+Hat组合型钢板桩锁口和传统的 U 型钢板桩锁口止水性能，在试验设计中还加入了和 NSP-10H 帽型钢板桩材质相同、断面性能相近的 SP-Ⅱ$_w$ 型 U 型钢板桩，试验所用钢板桩尺寸和截面参数如表 2-16 所示。

表 2-16　　试验所用钢板桩尺寸和截面参数

类型	尺寸			单片钢板桩				每延米壁长			
	有效宽度	有效高度	腹板厚度	截面面积	截面惯性矩	截面模量	理论重量	截面积	截面惯性矩	截面模量	理论重量
	w	h	t	A	I	Z	W	A	I	Z	W
	mm	mm	mm	cm^2	cm^4	cm^3	kg/m	cm^2/m	cm^4/m	cm^3/m	kg/m^2
NSP-10H	900	230	10.8	110.0	9430	812	86.4	122.2	10500	902	96.0
SP-$Ⅱ_w$	600	130	10.3	78.7	2110	203	61.8	131.2	13000	1000	103.0

锁口止水试验将帽型钢板桩和U型钢板桩呈矩形压入土体，形成试验围护结构，试验结构长5.4m，宽2.4m，宽度方向上布置4枚SP-$Ⅱ_w$型U型钢板桩，长度方向上两侧分别布置6枚NSP-10H帽型钢板桩和9枚SP-$Ⅱ_w$型U型钢板桩，并分别对长度方向上两侧的锁口进行编号，试验结构平面布置如图2-19所示。试验场地内地下水位较高，接近地表，试验深度范围内的土层主要由2层构成，0～1.1m为砂土，混杂少量黏性土，1.1～7.0m为粉砂层。试验钢板桩总长为7m，试验时将钢板桩压入土体6.5m，然后开挖深度为2.5m的试坑，形成悬臂式围护结构，嵌固段长度为4m，试验结构剖面如图2-20所示。锁口止水试验现场如图2-21所示。

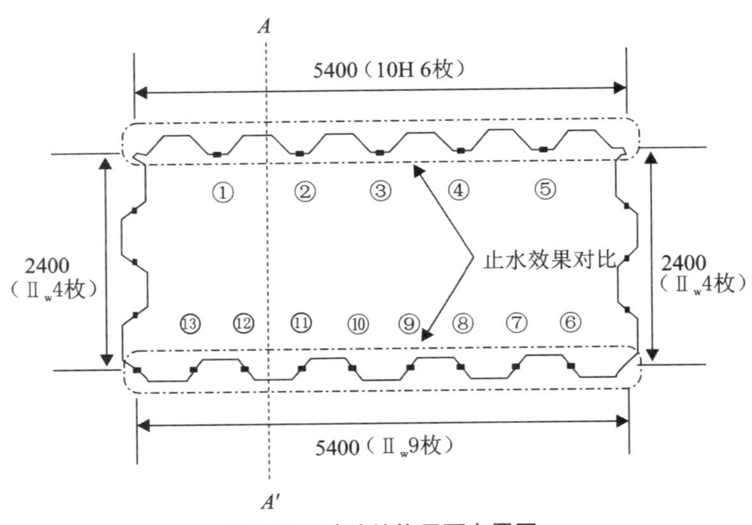

图 2-19　试验结构平面布置图

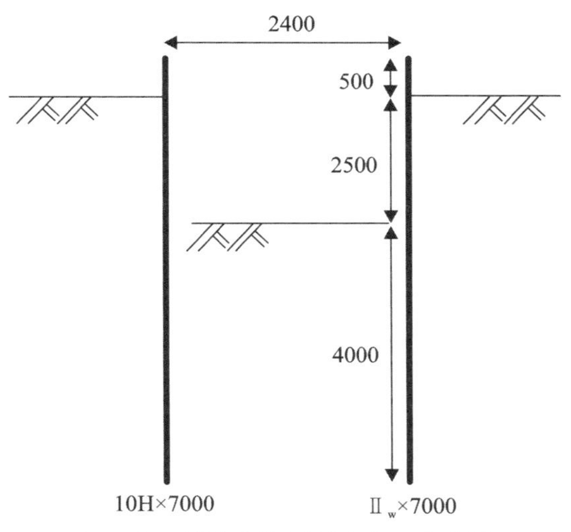

图 2-20 试验结构剖面图（A-A′剖面）

图 2-21 锁口止水试验现场图

2.4.2 试验结果

试坑开挖以后，对比观察 NSP-10H 型帽型钢板桩和 SP-Ⅱ$_{w}$ 型 U 型钢板桩锁口处的浸润和漏水情况，以及试坑内外侧水头差随时间的变化情况。在试验中，钢板桩锁口处的渗漏量都非常小，试验终了时，帽型钢板桩和 U 型钢板桩锁口处的浸出漏水状况如图 2-22所示。

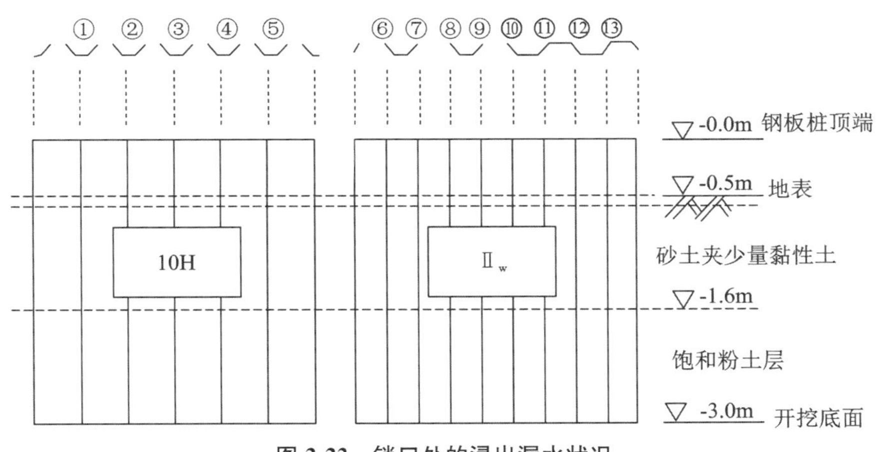

图 2-22 锁口处的浸出漏水状况

由图 2-22 可知，帽型钢板桩锁口处的最大浸润高度为 0.94m，平均浸润高度为 0.62m，U 型钢板桩锁口处的最大浸润高度为 1.25m，平均浸润高度为 0.84m，可见帽型钢板桩锁口的止水性能要略优于传统的 U 型钢板桩锁口。在试验过程中试坑内外侧水头差基本不变，试验结束时在试坑底部仅有约 5cm 深的积水。考虑到坑内积水还有一部分是从坑底渗出的，因此，由钢板桩锁口处渗出的水量是非常小的。

钢板桩锁口部位的渗漏量受基坑内外侧水头差、锁口嵌合状况、压桩导致的锁口变形、土质条件（颗粒级配、渗透系数）等控制，影响条件复杂，本次试验难以将上述所有因素考虑在内，并不能绝对准确地反映H＋Hat组合型钢板桩锁口的止水性能，但考虑到实际工程中还可以采取坑内降水、锁口涂抹膨润材料等途径进一步改善组合型钢板桩锁口的止水效果。因此，可以判断组合型钢板桩锁口的止水效果是完全满足工程要求的。

2.5 焊接性能

组合钢板桩中焊接工艺对于断面特性的影响相当重要，焊接工艺的参数主要有焊接高度、焊接率等。焊接工艺参数应该合理确定，在满足断面性能要求的同时应能优化焊接设计参数，做到节约成本、加快制作工艺。同时，由于焊接过程中产生的残余应力会引起钢板桩发生一定程度的变形，变形量过大时就可能影响钢板桩沉桩施工和工作性能，因此有必要对焊接引起的钢板桩变形进行分析研究。

2.5.1 焊接率计算

焊接率是指焊接部分的长度比上钢板桩的总长，如图 2-23 所示。帽型＋H 型组合式钢板桩的焊接率计算方法如下：

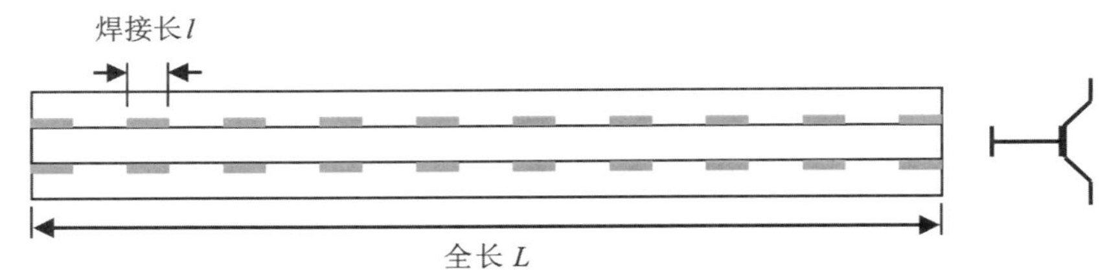

图 2-23 焊接率计算示意图

$$\alpha=\frac{T}{(a-\Delta)\times\tau}\times100(\%) \tag{2-11}$$

式中：α——焊接率，$\alpha=\sum l/L$；

τ——焊接处的容许抗剪强度（SYW295τ_a =100MPa、SM490YAτ_a =120MPa)；

Δ——腐蚀长度，$\Delta=N\times b$，其中：N 为使用年限，b 为腐蚀速度（焊接处（陆地侧）的标准值 b=0.02mm/a，参考日本《港口设施技术标准》)；

a——焊接厚度（标准脚长 7mm、厚 5mm)；

T——焊接处的剪力。

$$T=\frac{(S/n)\times Q}{I} \tag{2-12}$$

式中：S——土水压力作用在1枚钢板桩上产生的剪力；

n——单个钢板桩的焊接点（通常两侧焊接$n=2$）；

Q——帽型900关于帽型+H型的中轴线的截面一次矩；

I——帽型+H型的截面惯性矩；

2.5.2 焊接对结构的变形影响

在一般情况下，对钢材部件进行焊接加工，会发生一定的变形。由于组合钢板桩在焊接加工后需要进行沉桩，对于由于焊接加工导致的变形是否会影响到之后的沉桩性能需要进行专门研究。新型组合钢板桩在将帽型钢板桩与H型钢通过堆焊进行焊接加工的时候，对两者都进行固定处理。因此，焊接加工产生的变形并不会很大。为验证焊接变形是否在容许范围内，本书进行了实际的焊接加工实验，对焊接加工产生的变形量进行研究，以及对变形的矫正效果进行验证。

此次加工实验，以NSP-10H型帽型钢板桩和高度为550～900mm的H型钢9种不同的组合为对象，使用二氧化碳气体保护焊接方法实施的。堆焊脚长为7mm。在实际施工时，焊接率一般以实际的设计为准，故本次实验的焊接率采用了实际设计中最普遍的60%焊接率为中心，30%～100%全面覆盖进行了实验。

焊接试验得到的钢板桩全幅变形量如表2-17、图2-24所示。

分析表2-17、图2-24可知，焊接率越大变形量越大。在焊接率超过60%的情况下，变形量不随焊接率增大而增大。在60%焊接率的情况下，平均变形量为4mm，并不是很大。

表2-17　不同焊接率下钢板桩全宽的变化

试验桩编号	长度（m）	焊接率（%）	焊接后全宽变化量（mm）			
			最大	最小	平均	加热矫正后
C-1	15	60	5.5	−1.0	3.6	—
C-2	15	60	5.5	1.0	3.9	—
C-3	15	40	3.5	−0.5	2.3	—
5-1	28	60	7.8	2.0	5.0	—
5-2	28	60	7.4	2.8	4.8	—
5-3	28	60	4.2	2.2	3.2	3.1
9-2	28	100	5.6	−0.6	3.5	3.5
9-3	30	100	7.2	0.4	5.6	4.6
9-4	30	30	7.4	0.6	2.4	—

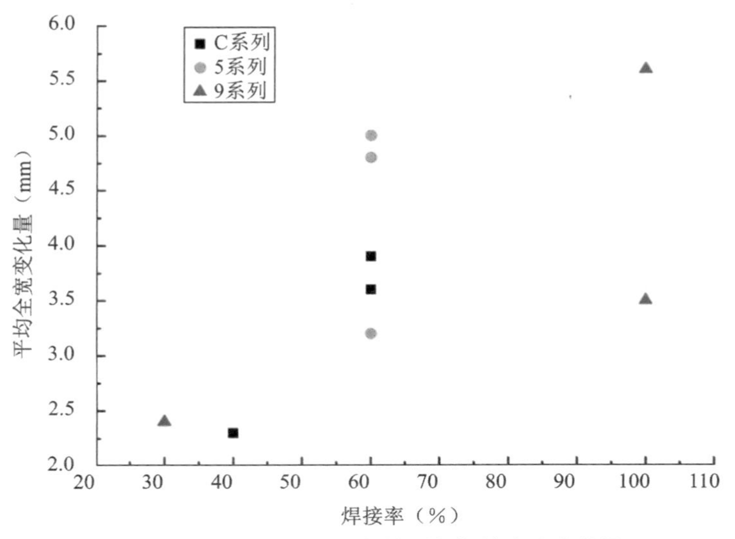

图 2-24　焊接后钢板桩全宽变化量

弯曲度就是沿钢板桩墙方向的最大变形量除以总长的值，翘曲度就是沿与钢板桩墙垂直方向的最大变形量除以总长的值，其量测示意如图 2-25 所示。图 2-26 为焊接加工后钢板桩的弯曲变形量。图 2-27 为焊接加工后钢板桩的翘曲变形量。焊接实验的结果，印证了焊接加工后的弯曲和翘曲与加工前的数值基本上保持在同一水平，焊接变形量值很小。通过本试验的结果判断，在焊接加工阶段，进行很好的加工管理的情况下，可以在保障加工速度的前提下保证加工后不发生大的变形。如果在焊接加工后变形超过容许范围的情况下，可以通过加热法对变形进行矫正。

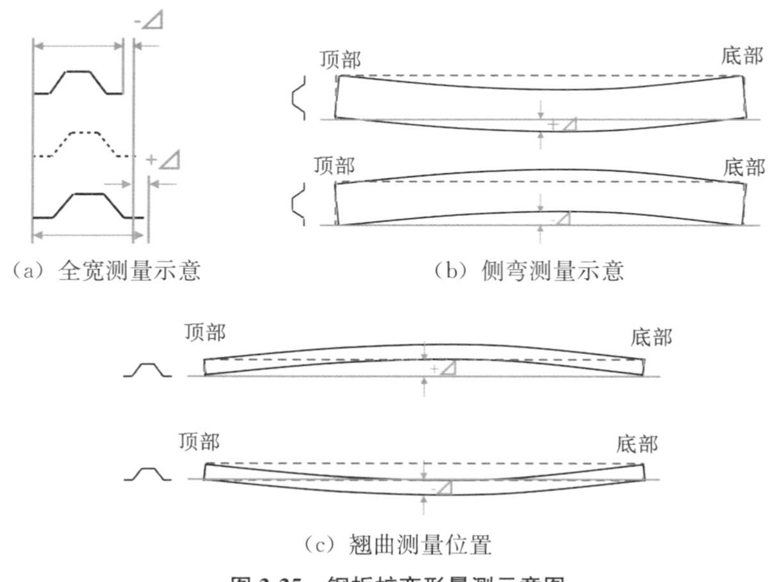

图 2-25　钢板桩变形量测示意图

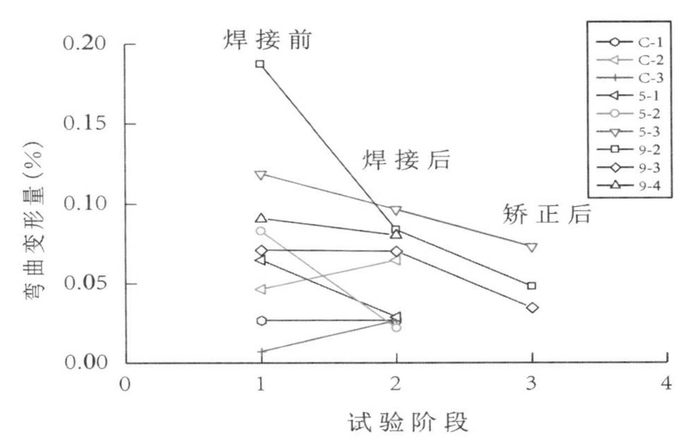

图 2-26 焊接加工后钢板桩的弯曲变形量

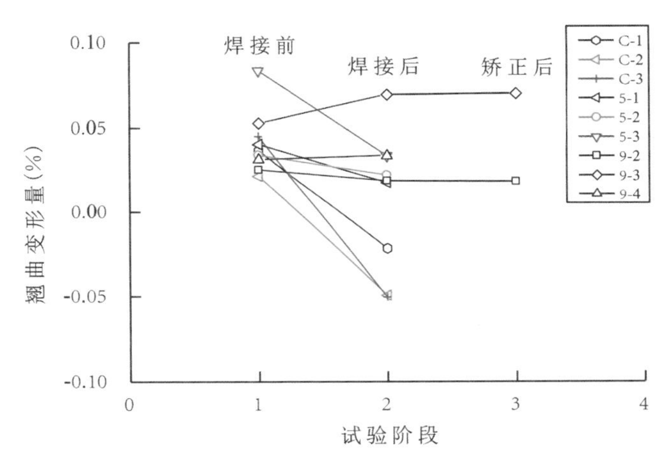

图 2-27 焊接加工后钢板桩的翘曲变形量

2.5.3 焊接率对抗弯性能的影响

将帽型钢板桩与 H 型钢通过堆焊进行固定，是在考虑到整个组合钢板桩在受到外力的情况下，弯曲剪断力能够确实地传递到钢板桩及 H 型钢上，充分发挥两者各自的抗弯能力。

新型组合钢板桩是通过堆焊进行固定的，在焊接管理及品质管理方面比平焊相对简单。但是，施工管理水平、焊接操作人员熟练程度等的差异可能会导致脚长不足或者焊接长度不够的问题，有必要对脚长不足或焊接长度不够的情况下对整体结构的性能影响进行分析。因此，本书取具有代表性的脚长，通过焊接试验对上述问题进行研究。

笔者取 NSP-10H 型帽型钢板桩（材质 SYW295）和 H-700×200×9×16 型 H 型钢（材质 SM490YA）（$\sigma_y=355\text{N/mm}^2$）的组合作为实验对象进行了解析实验。焊接参数化设计计算参数如图 2-28 所示，焊接参数设计计算荷载如图 2-29 所示，假定在支点间受到三角形线载荷，堆焊脚长设定为 5mm，假定设计焊接率要求 40%。焊接率 40%作为参照工况 1，焊接率 24%作为参照工况 2、焊接率 20%作为参照工况 3，对 3 种情况下的抗弯强度进行比较。同时，焊接率 100%作为参照工况 0 作为参考。焊接设计计算工况如表 2-18 所示。

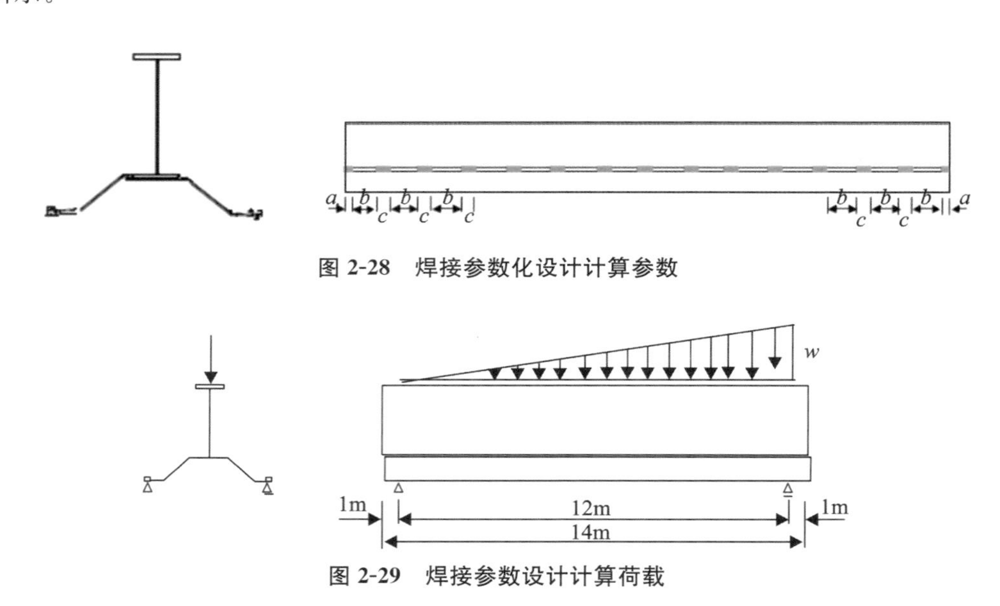

图 2-28 焊接参数化设计计算参数

图 2-29 焊接参数设计计算荷载

表 2-18 焊接设计计算工况及焊接长度 （单位：mm）

参照工况	a	b	c
参照工况 0	焊接率 100%（作为参考工况）		
参照工况 1	200	600	400
参照工况 2	120	760	240
参照工况 3	100	800	200

计算时，考虑组合钢板桩承受三角形线荷载，并使得 H 型钢板桩外翼缘在该荷载条件下达到屈服（$\sigma=355$MPa），经计算得到该荷载最大值为 161kN/m。在设计计算时，采用有限元软件，采用轴对称模型，约束对称轴及锁口处 X 方向约束，对于焊接条件的模拟假定为焊接点处采用节点重合，而未焊接处则双节点使用接触条件。焊接参数设计计算模型如图 2-30 所示。

从图 2-31、图 2-32 可知，在荷载大于屈服荷载且不断加大时，除了支座处局部屈服点外，原来产生最大弯矩点附近屈服的范围也在变大，且产生最大弯矩的位置在截面上上移，使得 H 型钢部分塑性条件下，帽型钢板桩侧屈服点范围也在加大。但从这几种不同焊接率对钢板桩断面性能的影响来看，焊接率 100%、24%、20%的条件下和设计焊接率 40%的条件下，其受力—弯曲关系是一致的，组合钢板桩断面性能的表现基本一致，证明了焊接率的计算方法是安全可行的。

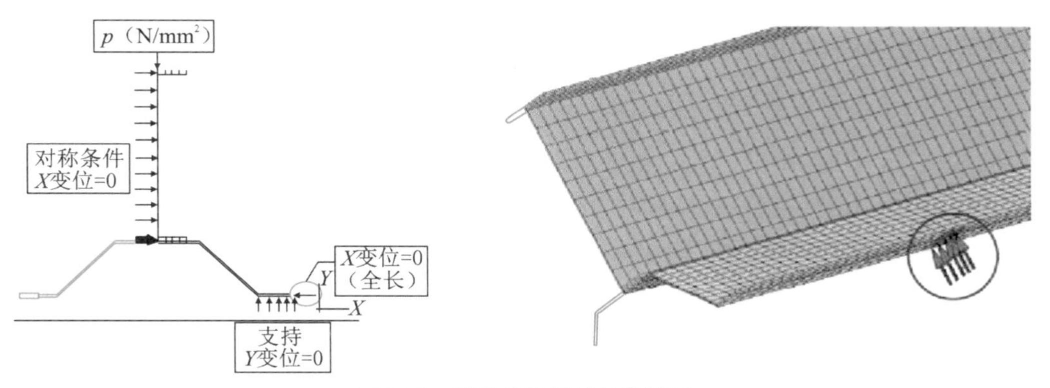

图 2-30 焊接参数设计计算模型

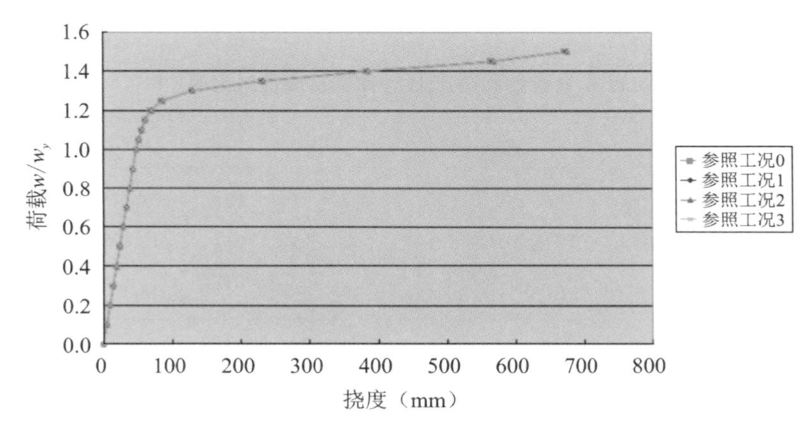

图 2-31 不同焊接率下最大弯矩产生位置同荷载关系

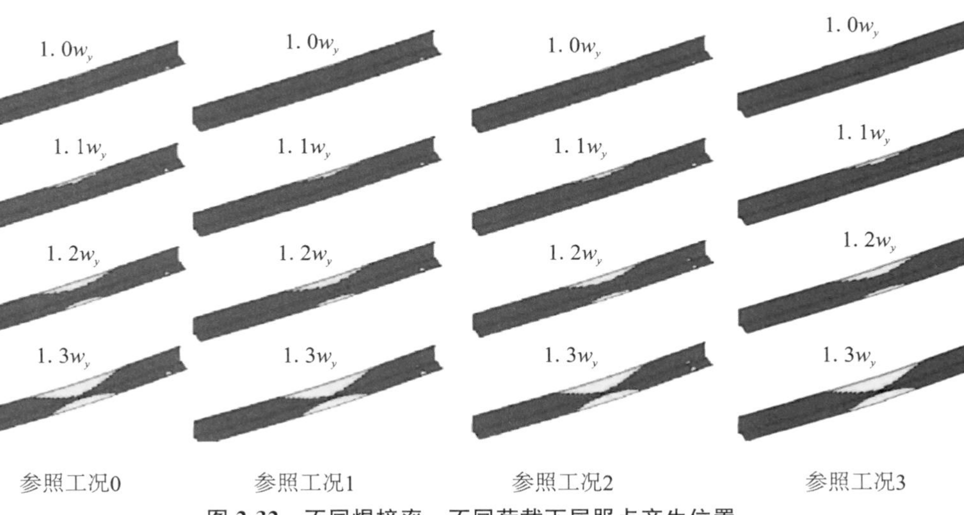

图 2-32 不同焊接率、不同荷载下屈服点产生位置

2.5.4 Hat 型钢板桩与国产 H 型钢的焊接性能

新型组合钢板桩中使用的 H 型钢既可以使用日本进口的 H 型钢，也可以使用我国国产的 H 型钢。日铁公司采用的组合钢板桩采用的帽型钢板桩为 SYW295 钢材，H 型钢为 SM490YA 钢材。两种钢材通过堆焊连接，焊接采用日本焊接规程 JIS Z 3212（手工焊）、JIS Z 3313（气体保护焊）等。我国生产的材质为 Q345B 的 H 型钢在化学成分和力学性质方面都比较接近日本 SM490YA 钢材的性质，主要不同在于国内钢材硫磺成分稍高，如表 2-19所示。两种不同化学成分和性质的钢板进行焊接仍未有现行的实例和标准。因此，需对组合型钢板桩的钢材材料、焊接材料、焊接方法、接头形式、焊接位置、焊后热处理等以及相关工艺参数进行工艺试验和评定。

表 2-19　　日本 H 型钢和国产 H 型钢钢材属性对比表

牌号	C	Si	Mn	P	S
SYW295	＜0.18	＜0.55	＜1.50	＜0.04	＜0.04
SM490YA	＜0.20	＜0.55	＜1.60	＜0.035	＜0.04
马钢（Q345B）	0.17	0.38～0.39	1.39～1.44	0.019～0.030	0.016～0.021

考虑到马钢 Q345B 的 H 型钢接近于日本的 SM490YA，而我国 Q345B 钢材的手工焊接材料主要使用 ER50 系列，在试验时选取 ER50-3 焊材，直径 1.2mm，对焊接后组合钢板桩进行了硬度试验、张拉试验、弯曲试验和冲击试验，焊接熔接率为 60%～80%。试验主要有 H 型钢之间的焊接、帽型钢板桩和 H 型钢的焊接、点焊和堆焊对于帽型钢板桩和 H 型钢的影响。焊接试验证明可行。

同时，使用“我国焊材（ER50-3）对我国 H 型钢（材质 Q345B）”进行对接焊接，使用日本焊材（YM-50FR）对日本 H 型钢（材质 SM490YA）进行对接焊接，对比 2 种情况进行了焊接特性的对比试验。实验内容包括焊接部张力实验、焊接部冲击试验、焊接部弯曲试验、硬度试验等。两者的比较结果显示，焊接特性基本相同，也可以明确将日本焊材与我国焊材进行组合的时候，使用我国的焊材是完全没有问题的。

在严格要求下对通过平焊对接的焊接部进行了 2 次 180°侧面弯曲试验，结果良好，如图 2-33、2-34 所示。

由以上试验结果可知：日本产帽型钢板桩与我国 H 型钢的组合，使用我国焊材进行焊接加工是可以保证焊接质量的。

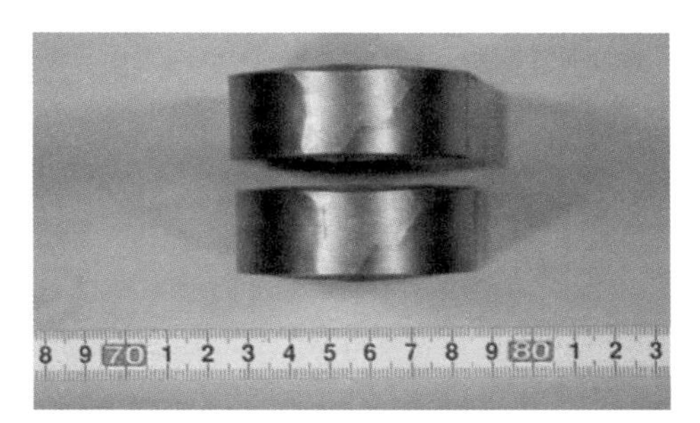

图 2-33　平焊锁口的弯曲试验结果（我国钢材＋我国焊材的组合）

图 2-34　平焊锁口的弯曲试验结果（日本钢材＋日本焊材的组合）

2.6　设计理论及方法

2.6.1　结构体系及结构选型

H＋Hat组合桩的平面布置形式，根据工程领域、使用要求、荷载、工程经济等情况，可采用线形、矩形围筒等结构形式，并根据工程实际结合支撑、锚杆等附属构件一并使用。附属构件可用于施工阶段临时支撑，也可用作永久性结构构件。H＋Hat组合桩平面布置形式如图 2-35 所示。

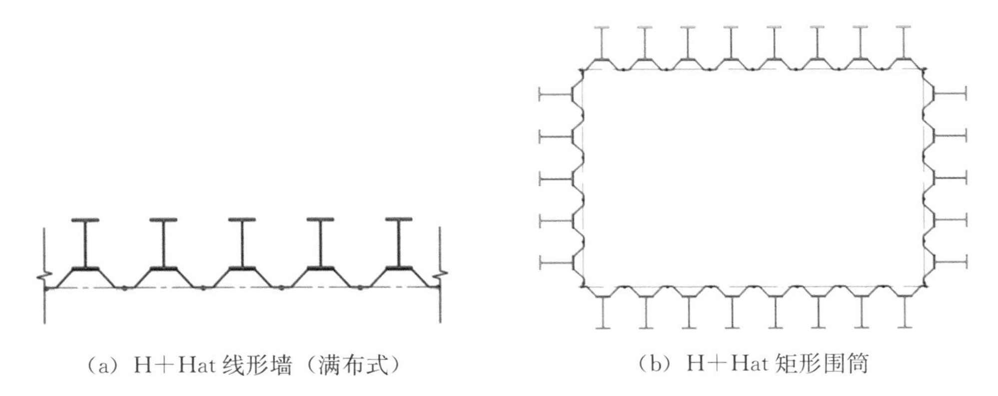

（a）H＋Hat线形墙（满布式）　（b）H＋Hat矩形围筒

图 2-35　H＋Hat组合桩平面布置形式

2.6.2 设计理论

基坑支护结构设计目前以弹性抗力法为主，与增量计算法相结合，可以较好地解决基坑桩撑结构的计算问题。H＋Hat组合型钢板桩简化为平面受弯构件，同样可以用弹性抗力法计算，可以使用市面上常见的基坑设计软件进行计算，应用便捷。

弹性抗力法通常又被称为弹性地基梁法，同样也是《建筑基坑支护技术规程》（JGJ 120—2012）中叙述的平面杆系结构弹性支点法，其计算模型如图2-36所示。当采用弹性抗力法计算钢板桩结构内力时，首先计算作用于钢板桩上的土压力，对于桩墙外侧的主动土压力，可按照郎肯土压力理论计算，但桩墙内侧被动土压力的计算方法与常规计算方法有所不同。弹性抗力法是将支护结构简化为竖直搁置在土体内的弹性地基梁，同时利用竖向Winkler弹性地基等效替代坑内土体。在计算基坑挖掘过程中，由于坑内土体卸荷而导致钢板桩内外两侧存在压力差，最终引起钢板桩的内力和变形。

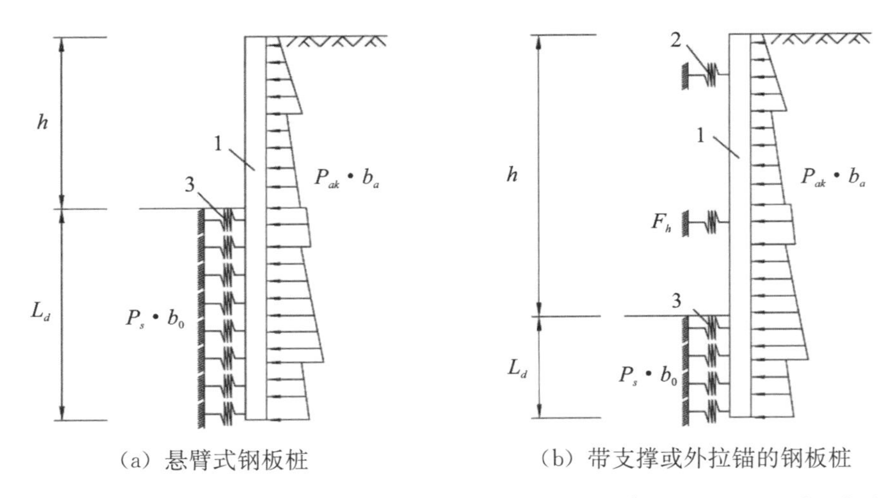

(a) 悬臂式钢板桩　　(b) 带支撑或外拉锚的钢板桩

1-钢板桩；2-由横向支撑或外拉锚简化的弹性支座；3-计算被动土压力的弹性支座

图2-36 弹性抗力法计算简图

组合型钢板桩支护结构的主动、被动土压力计算参照《建筑基坑支护技术规程》（JGJ 120—2012）执行。

弹性抗力法被动区土抗力弹簧的水平反力系数k_h可按式（2-13）计算：

$$k_h = m(z - h_0) \tag{2-13}$$

式中：m——土的水平反力系数的比例系数（kN/m^4）对多层土，按不同土层分别取值。m值应依据湖北省地方标准《基坑工程技术规程》（DB 159—2012）附录C相关规定取值；

z——计算点距基坑外地面的深度（m）；

h_0——计算工况下的基坑开挖深度（m）。

对于桩撑式 H＋Hat 组合桩，可将围护结构与内支撑分开计算，内支撑可按平面结构进行计算，并应考虑桩和内支撑之间的相互变形协调。

H＋Hat 组合桩采用圆形布置时，宜通过空间结构分析方法对支护结构进行整体分析。支护结构形式复杂，无法简化为图 2-36 的弹性抗力法计算模型时，在有可靠经验的前提下，可考虑采用数值计算方法对 H＋Hat 组合桩墙和土体进行整体分析。

H＋Hat 组合桩支护设计中的荷载与作用应包括：①岩土体的主动、被动土压力和静止土压力；②静水压力、渗流压力；③基坑开挖影响范围内建（构）筑物的荷载、地面超载（含既有堆载）；④支护结构自重及其可能产生的施工荷载；⑤需要时，宜结合工程经验，考虑温度变化、混凝土收缩与徐变、土体开挖后的应力释放、浸水或失水后的性状变化（特别是膨胀性的岩土）以及施工爆破、打桩振动、挤土等作用对支护结构产生的影响；⑥支护结构作为永久性结构使用时，尚应考虑相关规定的荷载与作用及抗震要求。

H＋Hat 组合桩支护结构荷载计算方法应符合《湖北省基坑工程技术规程》（DB 42－T 159—2012）中的有关要求，其荷载计算应包括土压力、水压力、突涌和管涌验算、各种超载计算等。

H＋Hat 组合桩支护结构应根据基坑开挖施工工况进行设计计算，且应按各施工工况的最大内力值和支点力值进行构件承载力计算。H＋Hat 组合桩支护结构的承载能力应根据本规范第 5.5.2 条确定结构构件的内力设计值进行计算。H＋Hat 组合桩支护结构内力设计值应包括弯矩、剪力和拉锚、支撑结构的轴力。

H＋Hat 组合桩及腰梁等配套钢构件的抗剪承载能力计算，应符合《钢结构设计标准》（GB 50017—2017）的相关规定。H＋Hat 组合桩支护结构使用的锚拉结构，其设计计算和施工方法应符合《湖北省基坑工程技术规程》（DB 42－T 159—2012）中第 6.4 节、第 8.6 节的有关要求。H＋Hat 组合桩支护结构使用的支撑结构，其设计计算和施工方法应符合《湖北省基坑工程技术规程》（DB 42－T 159—2012）中第 6.9 节、第 8.8 节的有关要求。

基坑内的阳角应设置可靠的双向约束。地质条件或周边环境条件复杂时，可在阳角部位采取地层改良措施或其他可靠措施。采用桩撑式 H＋Hat 组合桩支护的基坑，第一道支撑宜与冠梁直接连接。第二道及以下支撑宜采取措施，使支撑轴力传至 H 型钢。腰梁如采用钢腰梁，宜在腰梁与 H＋Hat 组合桩迎坑面之间填筑细石混凝土。

采用弹性抗力法计算时，H＋Hat 组合桩的嵌固深度应满足被动区抗力安全系数的要求。被动区抗力安全系数不满足要求时，应增加桩长或加固被动区并重新验算。被动区抗力安全系数按式（2-14）、式（2-15）计算确定。

$$e_{ptk}=k_h\Delta x \tag{2-14}$$

$$E_{ptk}\leqslant E_p/k_{tk} \tag{2-15}$$

式中：e_{ptk}——按弹性抗力法计算的被动区抗力，kPa。

k_h——水平向基床系数，按“m”法确定，kPa/m。

Δx——H+Hat组合桩顶的水平位移，m。

E_{ptk}——H+Hat组合桩嵌入深度范围内被动区抗力合力（抗力反向时取绝对值求和），kN。

E_p——H+Hat组合桩嵌入深度范围内的被动土压力合力，kN。

k_{tk}——被动区抗力安全系数，对于悬臂式H+Hat组合桩，不应小于1.50；对于单支点式H+Hat组合桩，不应小于1.20；对于多支点式H+Hat组合桩，不应小于1.05。

对于悬臂式H+Hat组合桩，其嵌固深度除满足式（2-14）、式（2-15）的要求外，当计算确定的嵌入深度小于0.5h（h为计算开挖深度）时，应取0.5h；对于桩撑（桩锚）式H+Hat组合桩，在土层中如计算嵌入深度小于0.3h，应取0.3h。

在深厚软弱土层中，如H+Hat组合桩计算嵌入深度大于按“m”法计算的弹性长桩的特征深度4/α，可取4/α为其设计嵌入深度，但应考虑是否需要对被动区土体采取加固措施。

$$\alpha=(mb_0/EI)^{0.2} \tag{2-16}$$

式中：α——H+Hat组合桩的变形系数；

m——土的水平反力系数的比例系数，kN/m^4；

b_0——H+Hat组合桩计算宽度，m；

EI——H+Hat组合桩抗弯刚度，N·mm^2。

H+Hat组合桩的底部仍有软弱土层或夹层时（图2-37），应按式（2-17）至式（2-19）进行H+Hat组合桩底抗隆起稳定性验算及通过H+Hat组合桩底以下土层的圆弧或非圆弧滑动面整体稳定性验算。

$$\gamma_a H_d+q_0\leqslant[\gamma_p h_d\cdot N_q+c_k(N_q-1)\cot\varphi_k]\frac{1}{k_{lq}} \tag{2-17}$$

式中：k_{lq}——桩底抗隆起安全系数，不应小于1.80。

γ_a、γ_p——主动侧、被动侧土层的加权平均重度。

c_k、φ_k——H+Hat组合桩（墙）底部土层的抗剪强度指标标准值。

N_q——承载力系数。

H_d——H+Hat组合桩长度，m。当帽型钢板桩和H型钢不等长时，取长度较短一方数值。

h_d——H+Hat组合桩在基坑底部以下埋深，m。

$$N_q=k_p e^{\pi\tan\varphi_k} \tag{2-18}$$

$$k_p=\tan^2(45°+\varphi_k/2) \tag{2-19}$$

式中：k_p——被动土压力系数。

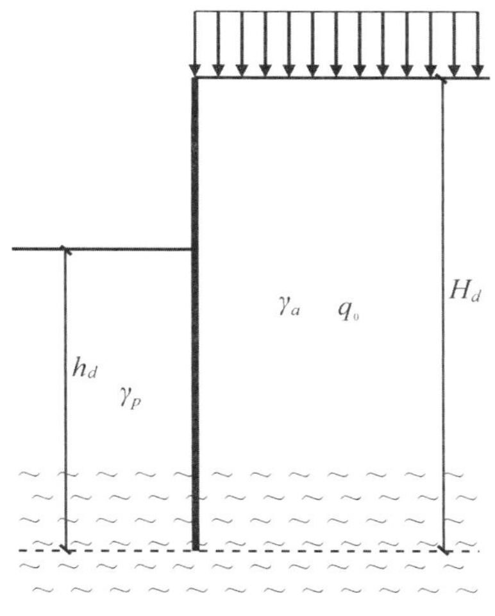

图 2-37　桩底抗隆起稳定性验算

2.6.3　设计程序

参考《建筑基坑支护技术规程》(JGJ 120—2012)，提出H＋Hat组合型钢板桩应用于基坑支护工程时的设计程序如下：首先在进行基坑支护结构设计前必须做到熟悉工程概况、工程地质条件、周围环境特点等。依据基坑工程特点选定H＋Hat组合型钢板桩形式并确定支撑形式后，然后就可采用弹性抗力法求解支护桩的变形内力。最大弯矩设计值确定后可初步选定组合钢板桩型号，此时应对钢板桩进行截面验算，以便对组合钢板桩型号进行调整。同时验证组合钢板桩的整体稳定性和坑底土体抗隆起稳定性，确保钢板桩入土深度满足安全要求。

在地下水量丰富的地区，需要对H＋Hat组合型钢板桩进行锁口止水设计，其锁口密封常用的方法包括天然密封法和人工密封法。天然密封法是指直接利用基坑外侧细砂颗粒或漂浮物质填封锁口空隙，达到止水的目的；人工密封法是在沉桩之前，在钢板桩锁口内洒涂止水溶剂，如膨润性溶剂、弹性密封溶剂、树脂类溶剂及膨胀性橡胶等。或者在打入钢板桩后，在锁口空隙内填充膨胀型木楔、橡胶绳、塑料绳或膨胀性填料等，亦可达到止水的目的。

一些场地地区存在腐蚀性环境，还应对H＋Hat组合型钢板桩进行防腐设计。考虑到钢板桩的临时使用性，即在较短的时间内钢板桩的腐蚀程度较小，因此不必要依据结构使用年限和环境条件对其进行腐蚀裕量的预留，但是有必要施加一些简单的防腐措施，像涂刷防腐涂层、外加电流或牺牲阳极进行阴极保护、钢材添加合金材料等。关于钢板桩防腐的具体措施可以参见相应的规范、规程，H＋Hat组合型钢板桩支护结构设计流程如图 2-38所示。

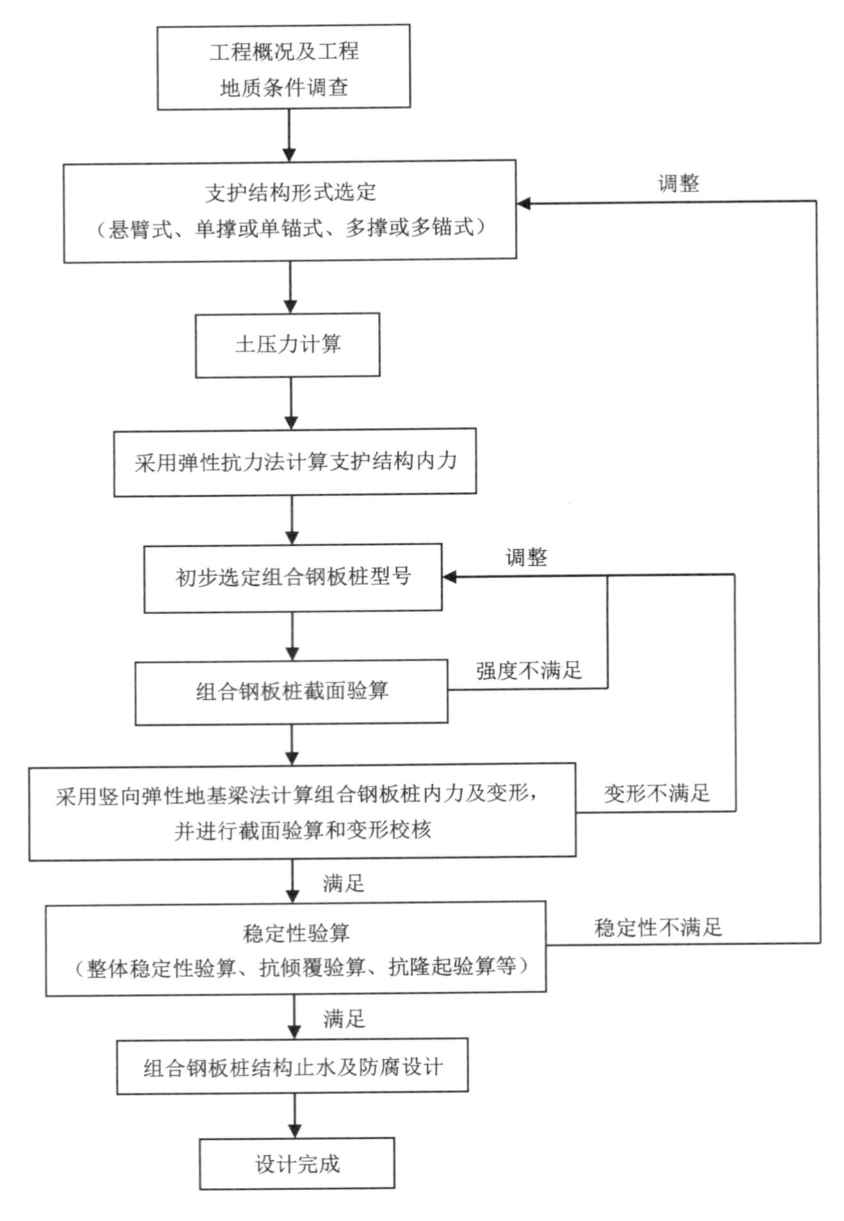

图 2-38　H＋Hat组合型钢板桩支护结构设计流程图

2.6.4　钢板桩型号的选择

根据结构计算求出H＋Hat组合型钢板桩支护构建最大内力，按式（2-20）确定钢板桩的内力设计值，接着根据H＋Hat组合型钢板桩的截面参数，初步确定钢板桩的型号，然后按式（2-21）进行强度验算。

$$M=1.25\gamma_0 M_0 \tag{2-20}$$

$$\sigma=\frac{M_{max}}{W_z}+\frac{N}{A}\leqslant[\sigma] \tag{2-21}$$

式中：M——截面弯矩设计值，kN·m；

M_0——弯矩计算值，kN·m；

γ_0——重要性系数，详见《建筑基坑支护技术规程》(JGJ 120—2012) 表 3.1.3；

σ——钢板桩内力计算值，kPa；

M_{max}——最大弯矩设计值，kN·m；

W_z——截面模量；

N——轴向力，kN；

A——截面面积，m^2；

$[\sigma]$——组合钢板桩强度设计值或许用应力。

当组合钢板桩的计算应力 σ 大于许用应力 $[\sigma]$ 时，则重新选择组合钢板桩形式进行验算，直至强度满足为止。

由本书 2.2 节组合钢板桩抗弯性能研究可知，H+Hat组合型钢板桩的抗弯性能一般是由 H 型钢外侧翼缘的屈服应力所决定的，因此，组合钢板桩强度设计值或许用应力（即 $[\sigma]$）应采用与 Hat 型钢板桩组合的 H 型钢的屈服强度。例如，采用牌号为 SYW295（$\sigma_y=295$MPa）的 Hat 型钢板桩与牌号为 Q355B（$\sigma_y=345$MPa）的 H 型钢组合，则组合钢板桩的许用应力为 345MPa。但对于组合式钢板桩重心线至 H 型钢边缘的截面模量和组合式钢板桩重心线至 Hat 型钢板桩边缘的截面模量相差不大的H+Hat组合型，钢板桩在进行 H 型钢应力验算的时候，还应对 Hat 型钢板桩最外缘进行应力验算（使用括弧内的截面模量）。如果 Hat 型钢板桩的截面模量不足，可采用屈服点强度高的 Hat 型钢板桩。

帽型钢板桩、H 型钢及连接材料的设计用强度指标，应根据《钢结构设计标准》(GB 50017—2017)的规定进行采用。常用牌号帽型钢板桩与 H 型钢的设计用强度指标可参照表 2-20 取值。

表 2-20　帽型钢板桩与 H 型钢的设计用强度指标

钢材牌号		钢材厚度(mm)	强度设计值（N/mm²）		屈服强度（N/mm²）
			抗拉、抗压、抗弯 f	抗剪 f_v	f_y
帽型钢板桩	Q295WP、SYW295	—	260	150	295
	Q390WP、SYW390	—	345	200	390
H 型钢	Q355	≤16	315	180	355
		>16，≤40	305	175	345
	Q390	≤16	345	200	390
		>16，≤40	330	190	370

对于在国家标准、行业标准中未列出的钢材牌号（如Q295P牌号及国外牌号等），宜按照《建筑结构可靠性设计统一标准》（GB 50068—2018）进行统计分析，研究确定其设计指标及适用范围；设计用强度指标应根据《钢结构设计标准》（GB 50017—2017）中对材料抗力分项系数的要求进行设定。

2.6.5 构造设计

组合型钢板桩构造设计主要包括转角部位的连接设计、桩顶冠梁设计、与支撑体系的连接设计等。

（1）转角部位的连接设计

组合型钢板桩之间采用锁口相互连接，其排列呈直线排列，现有的锁口无法解决转角部位组合型钢板桩的连接问题。如果不在转角处对组合型钢板桩采用锁口连接，将会在转角部位形成薄弱环节，且无法解决支护结构止水的问题。

针对以上问题，设计了专门针对转角部位的组合型钢板桩结构形式，可相互连接两个方向的组合型钢板桩，其结构形式如图2-39所示，转角部位钢板桩如图2-40所示。

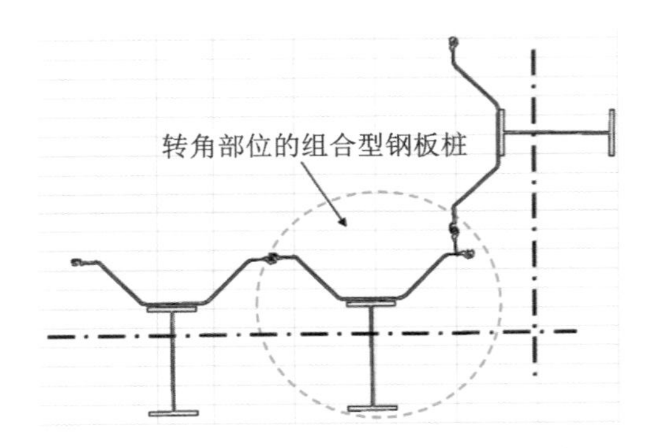

图2-39 转角部位的组合型钢板桩连接布置图

图2-40 转角部位钢板桩图

（2）桩顶冠梁设计

对于基坑支护体系来说，设置冠梁对增加整个支护体系的稳定性是非常必要的。目前的基坑支护结构多为混凝土结构，其冠梁也相应地采用混凝土结构。由于支护结构和冠梁均为混凝土结构，其连接效果较好，能够形成统一的体系，如图2-41所示。

对于组合型钢板桩来说，由于钢板桩和H型钢均为钢结构，其与混凝土结构难以结合。如采用钢结构焊接，又难以保证支护体系的刚度，且对钢板桩的损伤较大。针对此问题，本书提出了将帽梁顶部伸出钢板桩的设计方案。其设计方案如图2-42所示。

（3）与支撑体系的连接方法

基坑支护体系与支撑体系需要有效的连接，以保证整体支撑体系的稳定性。支撑体系与冠梁的连接一般采用刚性连接，在浇筑混凝土时将冠梁和支撑体系浇筑在一起，形成一个整体。对于支护体系冠梁以下的支撑体系来说，由于支护桩先施工，支撑体系后施工，无法同时施工形成整体。目前，通常的做法为在支撑体系四周设置腰梁与支护体系连接，采用钢筋将腰梁锚固在支护桩中以保证支撑体系的稳定。

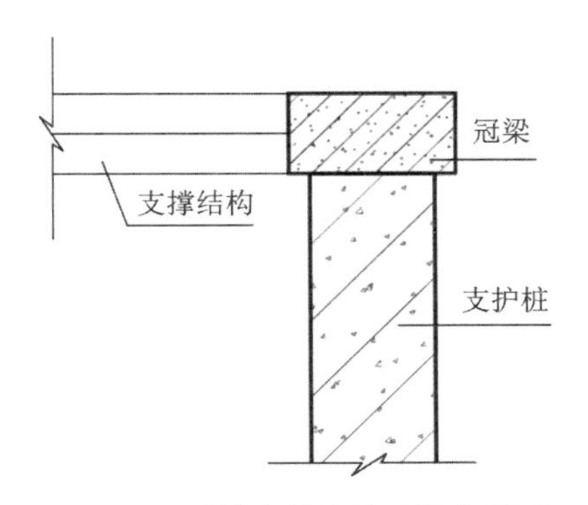

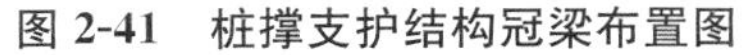

图 2-41 桩撑支护结构冠梁布置图

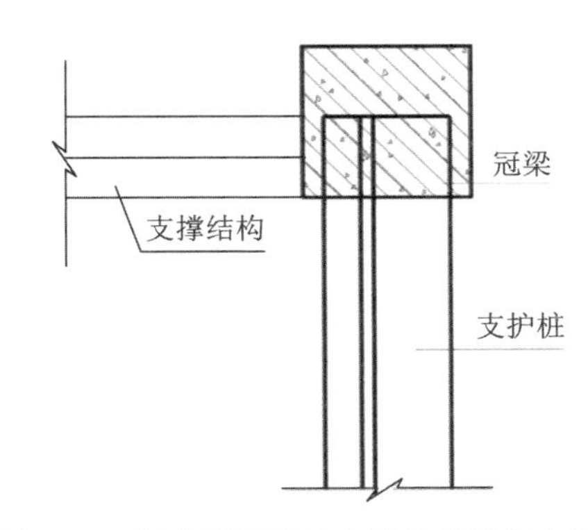

图 2-42 组合型钢板桩支护结构冠梁布置图

相对于传统的基坑支护，组合型钢板桩存在两点问题：组合型钢板桩临基坑侧呈 U 型布置，腰梁无法做成矩形截面；组合型钢板桩之间采用锁口连接，如腰梁布置覆盖锁口，在钢板桩变形时可能会对锁口造成较大的影响，从而影响组合型钢板桩的重复使用性能，固定腰梁的吊筋无法锚固在支护结构中。

针对以上问题，对组合型钢板桩腰梁采用 U 型布置，使得腰梁和钢板桩紧密连接，具体结构设计如图 2-43 对于腰梁于锁口连接部位，采用泡沫板填充，以缓解锁口的变形。对于腰梁的固定方法，采用拉筋将腰梁和组合型钢板桩连接，一端锚固在腰梁中，另一端焊接在组合型钢板桩上，具体结构设计如图 2-44 所示。

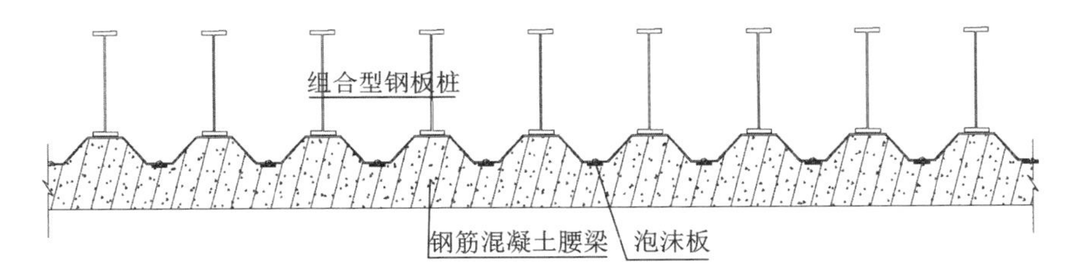

图 2-43 组合型钢板桩腰梁布置图

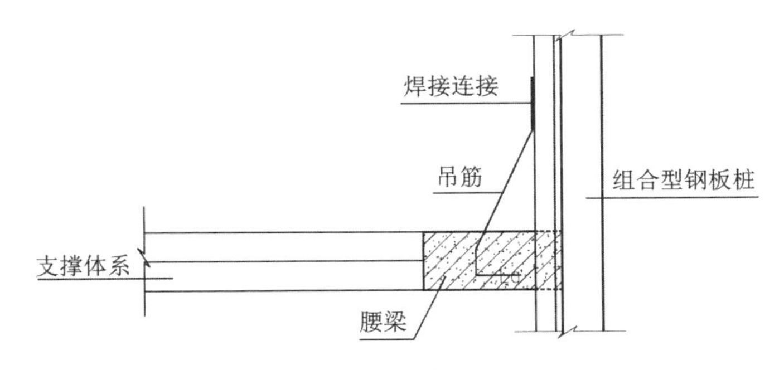

图 2-44 腰梁与组合型钢板桩连接示意图

（4）腰梁布置

钢冠梁、钢腰梁的安装应符合《钢结构工程施工质量验收规范》（GB 50202—2020）的相关规定。腰梁可采用双拼 H 型钢、槽钢等型钢连续布置，型钢之间的连接方式可采用高强螺栓连接或焊接，应由计算保证等强度连接。腰梁现场拼接点宜设在其计算跨度的三分点处，应尽量减少接头数量。钢腰梁应采用托架（或牛腿）与 H＋Hat 组合桩连接。连接构件的规格与布置应根据腰梁和支撑的自重等因素由计算确定。H＋Hat 组合桩结构腰梁布置形式如图 2-45 所示。

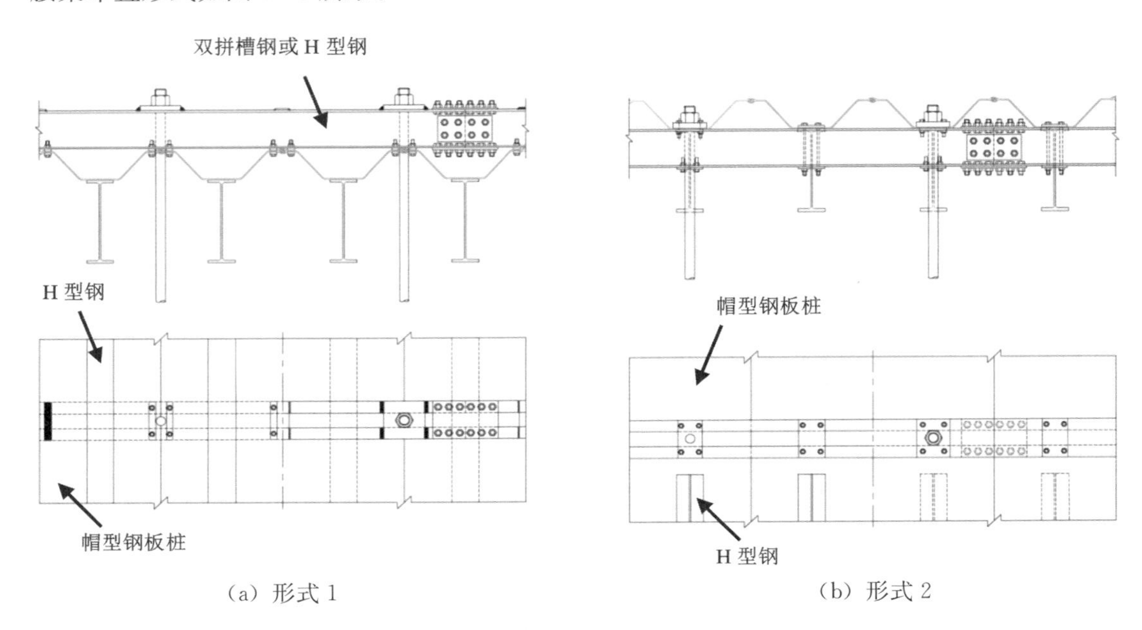

（a）形式 1　　（b）形式 2

图 2-45　H＋Hat 组合桩结构腰梁布置形式

当钢支撑设置端头轴力计时，应保证支撑的稳定并采取可靠的防坠落措施。钢支撑与钢腰梁的连接节点处支撑与腰梁的翼缘和腹板连接应按计算加焊加劲板，满足局部稳定要求，加劲板的厚度不小于 12mm，焊脚尺寸不小于 8mm。

（5）制作要求

H＋Hat 组合桩焊接加工应符合以下规定：①焊接材料应符合《气体保护电弧焊用碳钢、低合金钢焊丝》（GB/T 8110—2008）的二氧化碳气体保护焊丝或《非合金钢及细晶粒钢焊条》（GB/T 5117—2012）的低氢型焊条的规定。焊丝及焊条的抗拉强度应不小于帽型钢板桩和 H 型钢的抗拉强度。②焊接时，应使用平直度（1/1000 以下）的检查架台。③帽型钢板桩或 H 型钢对焊接（完全熔化焊接）时，如气温在 5℃以下，应把焊接缝的两侧 100mm 及电弧前方 100mm 范围内的母材加热（预热）到 20℃。④角焊及对焊接时，应采用二氧化碳气体保护焊接。

当不能按照设计要求的长度交付一整根H型钢时，可通过多根H型钢的对焊接来满足设计要求的长度。确定组合长度时，应在发生弯矩较少的位置进行连接。对焊接应符合以下规定。①应使用平直度不大于1/1000的检查架台进行检查。②焊接时，宜采用向下焊接姿势。③按设计进行焊接部位的坡口切削、临时组合、对焊接、横缝封底焊、拼接板填角焊接、H型钢与钢板桩结合一侧翼缘焊接部位的光滑打磨（利用砂轮等）。

H+Hat组合桩的焊接加工应符合以下规定：①应使用平直度（1/1000以下）的检查架台进行焊接。②可按照尺寸检查结果选择弯曲小于帽型钢板桩或与帽型钢板桩相反方向弯曲的H型与帽型钢板桩进行组合。③使帽型钢板桩呈锁口位朝下的状态（呈帽子的形状）设置在施工架台上，与H型钢的焊接部用钢丝刷清洗后，进行H型钢设置位置的划线。④H型钢的临时固定应从帽型钢板桩的头部开始进行，用侧弯矫正夹具、楔子等工具，使H型钢的中心轴与帽型钢板桩的中心轴对准固定。当帽型钢板桩和H型钢的翼缘之间有空隙时，在矫正侧弯之前，应使用翘曲矫正夹具、楔子等进行矫正，直到没有间隙。⑤临时焊接完成后应拆除所有固定在帽型钢板桩上的夹具。⑥应在H型钢两边分段对称焊接（每段焊缝长度不宜太长），按由桩顶到桩尖的顺序焊接施工。

H+Hat组合桩焊接后的尺寸检查及矫正应符合以下规定：①应使用平直度（1/1000以下）的检查架台进行检查。②应检查宽度、弯曲、翘曲、全幅、焊接部位的位置、长度、脚长及外观。③当弯曲超过允许值需要矫正时，应用加热矫正来进行矫正。④当焊接部的脚长不满足设计要求时，应进行焊接补强。⑤外观检查通过目测来进行，检查焊缝与钢材的龟裂、熔化缺陷、卷进钢渣、焊瘤、咬边、针孔等缺陷。⑥如在焊接部发生缺陷，应除掉缺陷部分，通过焊接来进行修补。

（6）防渗构造措施

H+Hat组合桩应用于有防渗要求的工程时，应采取防渗构造措施。帽型钢板桩锁口位置的防渗措施，可采用止水材料涂层。插打施工后发现锁口漏水处，背水侧可采用麻丝等嵌堵，迎水侧可水面抛锯屑、煤粉等随渗水流进锁口止水。帽型钢板桩锁口止水措施如图2-46所示。

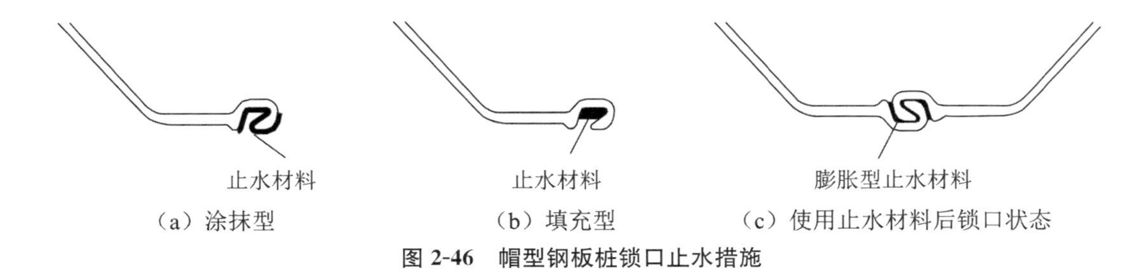

（a）涂抹型　（b）填充型　（c）使用止水材料后锁口状态

图2-46　帽型钢板桩锁口止水措施

H+Hat组合桩冠梁位置的混凝土应与帽型钢板桩及H型钢密实贴紧。H+Hat组合桩锁口止水材料涂层作业应符合以下规定：

1）钢板桩锁口朝上水平放置，使用水准器尽量保证水平；

2）涂层作业前，应用毛刷或钢丝刷将锁口处浮锈、尘土等去除，并用气泵进行清扫；

3）止水材料均匀倒入锁口部分，并用刷子等工具将锁口外部同时涂布；

4）止水材料需 3～4 天固化，使用促进剂后 1 天左右可固化；

5）止水材料涂布后为防止雨水和尘土，可用遮盖物进行保护，或在止水材充分固化后将板桩倒置，以防受潮。

3 H+Hat组合型钢板桩施工

3.1 概述

H+Hat组合型钢板桩施工应遵循以下一般规定：

1）H+Hat组合型钢板桩施工前应编制专项施工组织设计。

2）H+Hat组合型钢板桩的布设位置应符合设计要求，并充分考虑后续施工措施所需的空间。

3）H+Hat组合型钢板桩的施工顺序应为清除障碍物、定位放线、挖沟槽、安装导梁、施打、拆除导梁、建筑基础结构施工、回填土方、拔除。

4）H+Hat组合型钢板桩的堆放位置应根据施工要求及场地情况沿支护线分散堆放。

5）基础施工期间，在挖土、吊运、钢筋绑扎、混凝土浇筑等施工作业中，严禁碰撞支撑、任意拆除支撑，禁止在支撑上任意切割、电焊，不宜在支撑上搁置重物。

6）H+Hat组合型钢板桩在基坑支护中平面布置形状应尽量平直整齐。

7）对拔桩后留下的桩孔，应及时灌浆回填处理。

3.2 制作、运输、安装与防护

H+Hat组合型钢板桩的制作、运输和安装要求如下：

1）H+Hat组合型钢板桩结构制作及运送单元的划分，应考虑结构受力条件及经济合理性，符合便于运输、装卸、堆放和易于拼装的原则。

2）H+Hat组合型钢板桩在运输前应充分考虑运输路线的各类限制级规则，根据实际情况选择合理的运输手段及运输的构件长度。

3）H+Hat组合型钢板桩在运输至施工现场后应用起吊能力足够的起重设备进行装卸，卸载作业时，支撑点的强度应满足安全要求。

4）H+Hat组合型钢板桩在施工现场的堆放保管场所应选择平整、坚硬的地面或H+Hat组合型钢板桩不会发生弯曲变形的场所。

5）H+Hat组合型钢板桩安装连接采用焊接时，应考虑构件临时固定措施。

H+Hat组合型钢板桩在施工准备中应进行必要防护。当H+Hat组合型钢板桩支护结构用于永久结构或使用年限超过 3 年的临时结构时，应根据材料及使用环境，在施工中采用对应的防锈和防腐蚀措施。

H＋Hat 组合型钢板桩施工所采取的防锈和防腐蚀措施除应满足其使用要求外，还应符合《钢结构设计标准》（GB 50017—2017）的相关规定。

3.3 施工准备

3.3.1 材料准备

H＋Hat 组合型钢板桩施工前材料准备要求如下：

1）H＋Hat 组合型钢板桩应具有帽型钢板桩与 H 型钢的质保书，其材质、规格、性能应符合设计要求，并应提供 H＋Hat 组合型钢板桩加工时的质检证明书。

2）H＋Hat 组合型钢板桩在使用前应进行外观检查和形体矫正，外观检查表面缺陷、长度、宽度、厚度、高度、平直度和锁口形状，对桩上影响打设的焊接件宜割除（有割孔、断面缺损应补强），有严重锈蚀，按 5.4 节要求进行防腐蚀处理，或按折减后的断面尺寸复核强度。

3）H＋Hat 组合型钢板桩接茬不应在同一位置、间距宜大于 1m，接茬位置应为内力较小处，且应间隔设置接桩。接桩时，焊接性能必须符合设计要求和有关标准的规定，电焊条应有出厂合格证。

4）H＋Hat 组合型钢板桩转角桩、送桩装置、桩帽等特殊构件应符合设计要求。

3.3.2 施工机械准备

H＋Hat 组合型钢板桩的打桩机械可采用振动打桩机械、静压机械以及其他特定的打桩设备。在施工前应根据场地工程地质条件，现场作业环境，H＋Hat 组合型钢板桩重量、长度、总数量、试桩情况等具体条件，选择适合的施工机械。

3.3.3 施工人员准备

H＋Hat 组合型钢板桩施工前，应按照施工方案配置足够的施工人员，包括技术人员、管理人员、电工、电焊工、架子工、机械操作人员、普工等；特殊工种人员应取得相应资格证书，所有作业人员应经过安全培训并接受技术交底。

3.3.4 作业条件准备

H＋Hat 组合型钢板桩施工作业条件准备应包括（但不限于）以下内容：

1）在编制 H＋Hat 组合型钢板桩施工组织设计前应调查场地周边环境和地层地质条件。

2）H＋Hat 组合型钢板桩沉桩应优先选择陆上作业，如果场地条件要求水上作业时，可用运输船施工或在水上搭设打桩平台，但应综合考虑达到设计的平整度和垂直度要求、沉桩设备的可靠性以及造价等因素。

3）H+Hat组合型钢板桩宜采用两点吊装的方法进行操作，吊运时应注意保护锁口。

4）H+Hat组合型钢板桩堆放的地点，应选择在平坦、坚固的场地上；堆放的顺序、位置、方向应符合实施方案的要求。

5）H+Hat组合型钢板桩应按型号、规格、长度、施工部位分别堆放，并在堆放处设置标牌说明。

6）H+Hat组合型钢板桩应分层堆放，各层间应垫放枕木，垫木间距应为3～4m，且上、下层垫木应在同一垂线上，堆放的总高度不宜超过2m或3层。

3.3.5 导架安装

在H+Hat组合型钢板桩施工时，须设置导桩以确保正确的打桩位置和施工时的钢板桩的稳定性。例如，在平行于打桩定位线的两侧，每隔2～4m打入1根导桩，并在导桩和钢板桩之间设置导架或导轨。

导架安装要求如下：

1）导架的位置应垂直，不应与H+Hat组合型钢板桩产生碰撞。

2）在H+Hat组合型钢板桩施工中，应设置一定刚度的、坚固的导架。导架在平面上分为单面和双面布设形式，在空间上分为单层和双层形式，由导梁和围檩桩等组成，围檩桩的间距应为2.5～3.5m，导梁与H+Hat组合型钢板桩墙之间应留有间隙，宜为2～5cm。

3）导梁的高度应有利于控制H+Hat组合型钢板桩的施工高度和提高施工工效。

4）伴随H+Hat组合型钢板桩打设深入，导梁不应有下沉和变形等情况出现。

3.4 沉桩

H+Hat组合型钢板桩沉桩方法分为陆上沉桩和水上沉桩两种。沉桩方法的选择应综合考虑场地地质条件，应达到设计要求的平整度和垂直度以及沉桩设备的可靠性、造价等各种因素。在水上沉桩水深较浅时，可回填后进行陆上施工，但应考虑到水受污染及河流流域面积减少等因素。如水深较大，靠回填经济上不合理，可用运输船施工或在水上搭设打桩平台。

H+Hat组合桩沉桩布置方式一般分为插打式、屏风式及错列式三类。其他应注意的措施如下：

1）打桩前，宜对H+Hat组合型钢板桩逐根检查，剔除连接锁口处的锈蚀。变形严重的H+Hat组合型钢板桩，待修整合格验收后方可使用，整修后不合格者禁用。

2）插桩时锁口应对准，施打时如出现脱榫现象，必须采取可靠的补救措施。

3）打桩时应采用两台经纬仪在两个方向控制桩的垂直度。在H＋Hat组合型钢板桩插打过程中，当偏斜过大不能用拉齐方法调正时，应拔起重打或采用楔形钢板桩等措施进行纠斜。

4）H＋Hat组合桩支护结构的转角连接处宜使用转角钢板桩，且宜先行施工，起定位桩作用；若没有此类钢板桩，应在转角接缝处加塞止水橡胶条或采用其他辅助措施进行密封。

5）基础沟槽开挖时，若H＋Hat组合型钢板桩有明显的倾覆或隆起状况，应立即在倾覆或隆起的部位增加对称支撑。

6）应完整记录沉桩过程，按规范要求整理成表并进行质量评价。

7）H＋Hat组合型钢板桩施工质量不合格时，应拔出重新打设。

8）H＋Hat组合型钢板桩发生倾斜时，宜用钢丝绳拉住桩身后再打桩，并逐步纠斜。

9）H＋Hat组合型钢板桩施工时，应采取必要的措施防止桩体扭转。

3.5 拔桩

H＋Hat组合型钢板桩拔桩要求如下：

1）用于临时支护工程的H＋Hat组合型钢板桩，在基础回填后应拔出。

2）H＋Hat组合型钢板桩拔出前，应充分考虑打设顺序、支护时间、锁口咬合状况等现状，编制可行的拔桩方法、顺序、时间及土孔处理方案。

3）H＋Hat组合型钢板桩拔桩可采用静力拔桩、振动拔桩、冲击拔桩、液压拔桩等方法。拔桩作业应符合以下规定：

①拔桩前应明确土质、植桩情况、开挖深度、支护方法，开挖中所遇问题等情况，判断拔桩难度。

②拔桩前应认真检查设备，充分掌握操作流程。

③拔桩产生的噪声与振动等，应符合有关部门要求。

④可临时焊死相邻H＋Hat组合型钢板桩或在其上加配重。

⑤应及时回填拔桩空隙。

⑥板桩拔出后应及时清除土砂，涂以油脂，矫正变形后，堆置于平整处。

4）振动拔桩即利用强迫振动，破坏H＋Hat组合型钢板桩周围土质黏聚力以降低拔桩阻力，并依靠附加起吊力将桩拔除。施工时应注意：

①采用灌水、灌砂等措施减少振动拔桩过程中带土过多引起的地面沉降和移位，降低次生危害，保障临近建筑物或地下管线的安全。

②根据沉桩情况确定拔桩起点，必要时可采用跳拔方法。拔桩顺序宜与打桩顺序相反。封闭式H＋Hat组合型钢板桩墙拔桩时起点宜离开角桩5根以上。

③起重机应随振动锤启动而逐渐加荷，起吊力一般宜略小于减振器弹簧的压缩极限。

④振动锤电源应为其电动机额定功率的 1.2～2.0 倍。

5）拔桩困难时可采取以下辅助措施：

①引拔阻力较大时，采用间歇振动，每次振动 15 分钟，振动锤连续工作不超过 1.5 小时。

②承压侧为密实土质时，于附近并列打入另一板桩，或于板桩两侧开槽后注入膨润土浆液减少阻力，均有利于板桩顺利拔出。

③用振动锤振活板桩锁口减小土的黏附力后，边振边拔。也可先将桩振下 100～300mm，再交替振打、振拔。

6）H＋Hat 组合型钢板桩施工时，应采取必要的措施防止桩体共连情形。

3.6 施工检查

H＋Hat 组合型钢板桩在施工中的检查项目、检验标准及方法应符合表 3-1 的要求。H＋Hat 组合型钢板桩在重复使用前的检查项目、检验标准及方法应符合表 3-2 的要求。

表 3-1　H＋Hat 组合型钢板桩在施工中的检查项目及检查方法

序号	检查项目	检查方法	测定密度	测定单位	容许范围
1	板桩墙长度（cm）	用钢尺量	施工中适量测定，打设结束后测定总长	1	＋1 块 H＋Hat 组合桩宽度－0
2	板桩垂直于桩墙方向的倾斜	用经纬仪、铅垂仪、倾斜计测定	打设结束后，测量每 20 块中 1 块相对计划轴线的变化	1/1000	＜10/1000
3	板桩沿桩墙方向的倾斜	用经纬仪、铅垂仪、倾斜计测定	施工中适量测定，打设结束后测定两端	1/1000	＜10/1000
4	板桩顶端高度（cm）	用水准仪测定	打设结束后，测量每 20 块中 1 块相对设计桩顶标高的变化	1	±10

表 3-2　H＋Hat 组合型钢板桩在重复使用前的检查项目及检查方法

序号	检查项目	允许偏差或允许值		检查方法
		单位	数值	
1	桩垂直度	%	＜1%	用钢尺量
2	桩身弯曲度	%L	＜2%L	用钢尺量，L 为桩长
3	齿槽平直光滑度	无电焊渣或毛刺		用 1m 长的桩段做通过试验
4	桩长度	不小于设计长度		用钢尺量

3.7 监测

3.7.1 监测项目

H＋Hat 组合型钢板桩监测设计应根据支护结构类型选择相应监测项目，并应根据支护结构的具体形式、基坑周边环境的重要性及地质条件的复杂性确定监测点部位及数量。选用的监测项目及监测部位应能够反映支护结构的安全状态和基坑周边环境受影响的程度。

H＋Hat 组合型钢板桩仪器监测项目应根据表 3-3 进行选择。

表 3-3　H＋Hat 组合型钢板桩仪器监测项目表

监测项目	支护结构的安全等级		
	一级	二级	三级
支护结构顶部水平位移	应测	应测	应测
支护结构顶部竖向位移	应测	应测	应测
支护结构深部水平位移	应测	应测	宜测
基坑周边建（构）筑物、地下管线、道路、地面沉降	应测	应测	宜测
支撑轴力	应测	宜测	选测
锚杆拉力	应测	宜测	选测
锁口张力	应测	宜测	选测
孔隙水压力	应测	应测	选测
土压力	应测	选测	选测
地下水位	应测	选测	选测

注：基坑工程重要性等级的划分应按照《湖北省基坑工程技术规程》（DB 42—T 159—2012）的有关要求执行。

除对 H＋Hat 组合型钢板桩实施相应仪器监测外，尚应派专人对以下过程进行逐日巡检。

永久结构：从 H＋Hat 组合型钢板桩沉桩结束至附属结构施工完成；临时结构：H＋Hat组合型钢板桩沉桩—主体结构施工—回填—拔桩完成。

巡视检查宜包括以下内容：

（1）支护结构

1）支护结构质量；

2）H＋Hat 组合型钢板桩支撑有无较大位移、形变；

3）锁口止水有无开裂、渗漏；

4）墙后土体有无裂缝、沉陷及滑移；

5）基坑有无涌土、流沙、管涌。

（2）监测设施

1）基准点、监测点完好状况；

2）监测元件的完好及保护情况；

3）有无影响观测工作的障碍物。

（3）根据设计要求或当地经验确定的其他巡视检查内容

对自然条件、支护结构、监测设施等的巡视检查情况应做好记录。检查记录应及时整理，并与仪器监测数据进行综合分析。巡视检查如发现异常和危险情况，应及时通知建设方及其他相关单位。

3.7.2 监测点布置

H+Hat组合型钢板桩监测点的布置应能反映结构的实际状态及其变化趋势。监测点的布置应不妨碍监测对象的正常工作，并减少对施工作业的不利影响。监测标志安装应稳固、明显，结构合理，监测点的位置应避开障碍物，便于观测。

H+Hat组合型钢板桩顶部的水平和竖向位移监测点应沿开挖临空面周边布置，单边中部、起始点、转角处应布置监测点。监测点水平间距不宜大于20m，每边监测点数目不宜少于3个。监测点宜设置在H+Hat组合型钢板桩顶部。

深层水平位移监测点宜布置在开挖临空面周边的中部、阳角处及有代表性的部位。监测点水平间距宜为20～50m，每边监测点数目应不少于1个。

1）开挖临空面周边环境监测点应依据环境类别相应布置：

①周边建（构）筑物沉降监测点应设置在建（构）筑物的结构墙、柱上，并沿临空面平行和垂直方向布置。平行方向上的测点间距不宜大于15m，垂直方向上的测点宜布置在柱、隔墙与结构缝部位，垂直方向的布点范围应能反映建筑物基础的沉降差。

②地下管线沉降监测点，当采用间接监测方法时，应布设在管线正上方。当管线上方为刚性路面时，宜将测点设置于刚性路面下。对直埋的刚性管线，应在管线节点、竖井及其两侧等易破碎处设置测点。测点水平间距不宜大于20m。

③道路沉降监测点间距不宜大于30m，且每条道路监测点不应少于3个。必要时，可沿道路宽度方向布设多个测点。

④周边地面沉降监测点应设置在开挖临空面外侧土层表面或柔性地面上。与H+Hat组合型钢板桩的水平距离宜在开挖深度的0.2倍范围以内。每个监测面测点不宜少于5个。

2）H+Hat组合型钢板桩支撑内力监测点的布置应符合下列要求：

①每层支撑的内力监测点不应少于 3 个，各层支撑的监测点位置应在竖向上保持一致。

②H＋Hat 组合型钢板桩支撑的监测截面宜选择在两支点间 1/3 部位、支撑的端头或受力有代表性的位置。

③每个监测点截面内传感器的设置数量及布置应满足不同传感器测试要求。

④监测点应选择在受力较大且有代表性的位置，基坑每边中部、阳角处和地质条件复杂的区段宜布置监测点。

孔隙水压力监测点宜布置在基坑受力、变形较大或有代表性的部位。竖向布置上监测点宜在水压力变化影响深度范围内按土层分布情况布设，竖向间距宜为 2～5m，数量不宜少于 3 个。

地下水位监测点的布置应符合《建筑基坑工程监测技术规范》（GB 50497—2019）的相关要求。

3.7.3 监测频率

监测项目初始值应在相关施工工序之前测定，并取至少连续观测 3 次的稳定值的平均值。H＋Hat 组合型钢板桩监测工作应贯穿于工程开挖和地下工程施工全过程。监测期应从基坑工程施工前开始，直至地下工程完成为止。对有特殊要求的基坑周边环境的监测应根据需要延续至变形趋于稳定后结束。

H＋Hat 组合型钢板桩的监测频率应综合考虑开挖工程类别、地下工程的不同施工阶段以及周边环境、自然条件的变化和当地经验。当监测值相对稳定时，可适当降低监测频率。对于应测项目，在无数据异常和事故征兆的情况下，开挖后现场仪器监测频率宜不低于1 次/2d。有支撑的支护结构各道支撑开始拆除到拆除完成后 3d 内监测频率应为 1 次/1d。支护结构安全等级为三级时，或宜测、可测项目的仪器监测频率可视具体情况适当降低。

当出现下列情况之一时，应提高监测频率：

1）监测数据达到报警值；

2）监测数据变化较大或者速率加快；

3）存在勘察未发现的不良地质；

4）超深、超长开挖或未及时加撑等违反设计工况施工；

5）开挖临空面周边大量积水、长时间连续降雨、市政管道出现泄漏；

6）开挖临空面附近地面荷载突然增大或超过设计限值；

7）支护结构出现开裂；

8）周边地面突发较大沉降或出现严重开裂；

9）邻近建筑物突发较大沉降、不均匀沉降或出现严重开裂；

10）开挖临空面底部、侧壁出现管涌、渗漏或流沙等现象；

11）发生事故后重新组织施工；

12）出现其他影响工程及周边环境安全的异常情况。

3.7.4 监测报警

H+Hat组合型钢板桩结构监测报警值应根据土质特征、设计结果及当地经验等因素确定。当无当地经验时，可参考《建筑基坑工程监测技术规范》（GB 50497—2019）的相关内容确定。当出现下列情况之一时，必须立即进行危险报警，并对基坑支护结构和周边环境中的保护对象采取应急措施：

1）监测数据达到监测报警值的累计值。

2）H+Hat组合型钢板桩结构或周边土体的位移值突然明显增大或基坑出现流沙、管涌、隆起、陷落或较严重的渗漏等。

3）H+Hat组合型钢板桩结构的支撑或锚杆体系出现过大变形、压屈、断裂、松弛或拔出的迹象。

4）根据当地工程经验判断，出现其他必须进行危险报警的情况。

3.8 工程质量检验及验收

3.8.1 质量检验

H型钢和帽型钢板桩的品种、规格、性能等应符合现行国家产品标准及合同的规定，结果应满足设计要求。进口钢材产品的质量应符合原产地相关的国家标准或国际标准，并满足设计和合同规定标准的要求。原材料的质量检验宜包括下列内容：原材料质量证明书，材料现场抽检试验报告。

当对钢板桩的材质或力学性能产生怀疑时，可根据《热轧钢板桩》（GB/T 20933—2014）中的相关规定对产品进行抽样复验，其复验结果应符合现行国家产品标准及合同规定，并满足设计要求。

焊接H型钢的翼缘板拼接缝和腹板拼接缝的间距应不小于200mm。翼缘板拼接长度应不小于2倍板宽；腹板拼接宽度应不小于300mm，长度应不小于600mm。H型钢允许偏差应满足《热轧H型钢和剖分T型钢》（GB/T 11263—2017）表3的要求。帽型钢板桩允许偏差应满足表3-4的要求。

表 3-4　　帽型钢板桩允许偏差

项目		允许偏差
有效宽度 W		－5mm，＋10mm
有效高度 H		±4％
腹板厚度 t	＜10mm	±1.0mm
	10～16mm	±1.2mm
	≥16mm	±1.5mm
长度 L		－0，＋未指定
侧弯	$L \leqslant 10$m	≤0.12％L
	$L > 10$m	（L－10）×0.1％＋12mm
翘曲	$L \leqslant 10$m	≤0.25％L
	$L > 10$m	（L－10）×0.2％＋25mm
端面斜度		≤4％W

H＋Hat组合型钢板桩的形状与尺寸测量应于帽型钢板桩一侧进行，且应满足表3-5的要求。测量部位及测量频率应由合同双方协商确定。

表 3-5　　H＋Hat组合型钢板桩的允许偏差

项目		允许偏差
有效宽度 W		－5mm，＋10mm
侧弯	$L \leqslant 10$m	≤0.12％L
	$L > 10$m	（L－10）×0.1％＋12mm
翘曲	$L \leqslant 10$m	≤0.25％L
	$L > 10$m	（L－10）×0.2％＋25mm

焊接部位应通过相关测量设备进行检查或通过目视法进行外观检查，且应满足表3-6各项焊接质量的要求。

表 3-6　　焊接部位的质量要求

项目	质量要求
焊缝长度	不小于设计图纸等对焊缝的要求长度
焊缝脚长	不小于设计图纸等对焊缝脚长的要求长度
表面缺陷	无表面龟裂或有害缺陷

焊缝抽样检验应按照下列规定进行结果判定：①抽样检验的焊缝数不合格率小于2％时，该批验收合格；②抽样检验的焊缝数不合格率大于5％时，该批验收不合格；③除本

条第5款情况外抽样检验的焊缝数不合格率为2%～5%时，应加倍抽检，且必须在原不合格部位两侧的焊缝延长线各增加一处，在所有抽检焊缝中不合格率不大于3%时，该批验收合格，大于3%时该批验收不合格；④批量验收不合格时，应对该批余下的全部焊缝进行检验；⑤检验发现1处裂纹缺陷时，应加倍抽查，在加倍抽检焊缝中未再检查出裂纹缺陷时，该批验收合格；检验发现多于1处裂纹缺陷或加倍抽查又发现裂纹缺陷时，该批验收不合格，应对该批余下焊缝的全数进行检查。

验收检验的抽检位置应按照下列要求综合确定：①抽检点宜随机、均匀和有代表性分布；②设计人员认为有必要的重要部位；③岩土特性复杂部位；④施工出现异常情况的部位。

3.8.2 结构检验不合格情况处理

H+Hat组合型钢板桩如初检不合格，可采用以下两种方法之一进行复验：

(1) 从帽型钢板桩、H型钢及附属结构上另取双倍试样进行该不合格项目的复验

如复验结果都合格，则该批产品合格。若复验结果仍有一个试样不合格，则该件产品报废；但此时应从同一批产品中另取两件产品各取一个试样进行复验。复验结果若有一个不合格，则该批产品为不合格品。

(2) 直接从同一批产品另取两件产品各一个试样进行该不合格项目的复验

复验结果若有一个不合格，则该批产品为不合格品。

当H+Hat组合型钢板桩施工质量不符合本规范要求时，应按下列规定进行处理：

1) 经返工重做或更换构（配）件的检验批，应重新进行验收；

2) 经有资质的检测单位检测鉴定能够达到设计要求的检验批，应予以验收；

3) 经有资质的检测单位检测鉴定达不到设计要求，但经原设计单位核算认可能够满足结构安全和使用功能的检验批，可予以验收；

4) 经返修或加固处理的分项、分部工程，虽然改变外形尺寸但仍能满足安全使用要求，可按处理技术方案和协商文件进行验收。

3.8.3 验收

1) H+Hat组合型钢板桩分部工程合格质量标准应符合下列规定：

①各分项工程应满足质量标准；

②质量控制资料和文件应填写完整；

③有关安全及功能的检验和鉴定检测结果应符合本规范相应合格质量标准的要求；

④有关观感质量应符合本规范相应合格质量标准的要求。

2) H+Hat组合型钢板桩工程竣工验收时，应提供下列文件和记录：

①钢结构工程竣工图纸及相关设计文件；

②施工现场质量管理检查记录；

③有关安全及功能的检验和见证检测项目检查记录；

④有关观感质量检验项目检查记录；

⑤分部工程所含各分项工程质量验收记录；

⑥分项工程所含各检验批质量验收记录；

⑦强制性条文检验项目检查记录及证明文件；

⑧隐蔽工程检验项目检查验收记录；

⑨原材料、成品质量合格证明文件、中文标志及性能检测报告；

⑩不合格项的处理记录及验收记录；

⑪重大质量、技术问题实施及验收记录；

⑫其他有关文件和记录。

4 H十Hat组合型钢板桩静压施工设备研发

4.1 概述

目前，常用的钢板桩沉桩方法有锤击法、振动法和静压法三类，主要根据地质条件、施工条件、施工要求以及施工振动、噪音对周边环境的影响等方面的因素来综合确定。

（1）锤击法

锤击法沉桩是利用桩锤的断续冲击，桩周围土体不断受挤压、剪切破坏，使桩逐步下沉的沉桩方法，按桩锤的不同又可分为柴油锤、蒸汽锤、液压锤和落锤沉桩。锤击法是最早出现并沿用至今的方法，其施工速度快、适用地层范围较广，其主要缺点在于振动和噪音极大，且打桩时桩头所受的应力过大，容易使桩头发生破坏。此外，由于钢板桩一般在使用后需要拔出进行二次使用，锤击法由于不能进行拔桩，也限制了其在钢板桩领域中的应用。

（2）振动法

振动法是采用电动机或柴油机在铅直方向发生振动，通过扰动力使得土体产生轻微液化，显著减少了桩土之间的摩擦力，从而使钢板桩贯入地下。相对于锤击法，振动法产生的振动和噪音相对较小，因为桩头没有过大的冲击力，桩头不会受到损害，且打桩与拔桩均可以适用，其主要缺点在于施工速度较慢，且在城市中建筑和人流密集的地区使用时施工产生的振动和噪音对周边环境具有一定影响。

（3）静压法

静压法是采用液压装置通过固定已打入钢板桩而受到反力作用，同时抓握住钢板桩的中部或顶部将钢板桩压入土中。静压法具有压桩机体型小，施工无振动、无噪音，静力压入施工时，桩身不会产生动应力，减小了桩身的变形，在施工过程中压桩阻力能自始至终地显示和记录，可定量观察整个沉桩过程，便于对沉桩特性进行研究，使用同一机械可以进行压桩和拔桩等诸多优点，因而近年来应用越来广泛。

H＋Hat组合型钢板桩应用于基坑工程时，在工程结束后需要将钢板桩拔出，锤击法由于只能打桩而不能拔桩，因而不适用于组合型钢板桩施工。此外，现在的城市建筑基坑一般都位于建筑和人口密集的区域，锤击法和振动法施工产生的振动和噪音对周边建筑物安全以及居民生活影响较为严重。综合考虑以上因素，静压法由于施工时无振动、无噪音，可进行压桩和拔桩，施工速度较快，且适用的地层范围较广，因而特别适用于城市建筑基坑中组合型钢板桩的施工。本书主要针对H＋Hat组合型钢板桩的静压沉桩特性进行研究。

4.2 组合型钢板桩静压设备研发

4.2.1 静力压桩机工作原理

组合型钢板桩静力压桩机的工作原理是通过自重或夹具机构夹紧桩身侧面，在桩的侧面产生巨大的压力，液压系统带动夹具机构向下运动，此时夹具机构通过与桩身侧面的摩擦力，克服土壤对桩的阻力，使桩压入土层。随着深度的增大，土壤对桩的桩端阻力及桩侧摩阻力也随之增加，此时液压系统也需要增大压力，桩机的受力平衡通过配重得以实现（该型钢板桩静力压桩机由湖北毅力机械厂研制，已申请专利“低噪音钢板桩静压设备”，专利号：ZL201320588139.3）。

4.2.2 静力压桩机主要技术参数

静力压桩机主要技术参数的选取主要根据压桩力进行确定，选取15m长试验桩进行压、拔桩力计算，根据压、拔桩力计算结果确定主要技术参数如表4-1所示。

表4-1 静力压桩机主要技术参数

序号	项目及内容		参数
1	工作能力	额定压桩力（kN）	1600（2500）
2		最大压桩力（kN）	1960（3000）
3		最大拔桩力（kN）	2670
4		最大工作压力（MPa）	22
5		压桩速度（m/min）	2.2
6	适用桩段	组合桩型（mm）	NS-SP10H＋900H
7		桩段长度（m）	10～18
8	电机功率	主机（kW）	45×2
9	动力	吊机（kW）	37
10		功率（kVA）	160

4.2.3 静力压桩机主要构造

静力压桩机主要由液压静力压桩机和钢板桩机构两大部分组成，主要构造如图4-1所示。

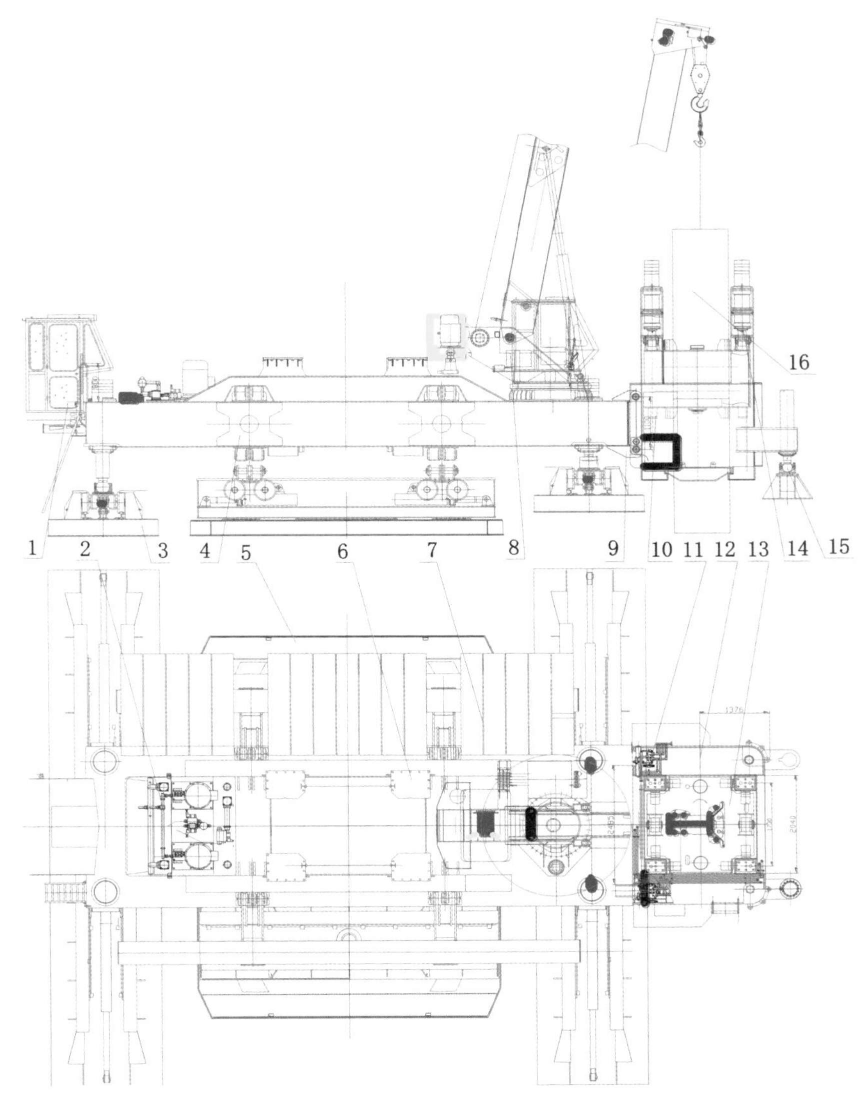

1. 操作室；2. 液压系统；3. 长船；4. 平台；5. 短船回转；6. 龙门；7. 支腿配重；8. 吊机；9. 边桩铰座；10. 电气控制系统；11. 液压系统；12. 底座；13. 龙门；14. 夹具；15. 支腿；16. 钢板桩

图 4-1 静力压桩机构造图

4.2.3.1 静力压桩机

(1) 平台支腿结构

该部分主要由平台结构、支腿、顶升油缸、配重梁等组成。平台结构用于支承龙门架、夹压桩机构、操作室、吊机等。操作室集中控制压桩机的液压和电器系统。配重梁上放置配重铁。支腿由销轴装配在平台结构上，支腿上与短船行走及回转机构连接，顶升油缸与长船行走机构连接，整个桩机通过平台结构组成一体随压桩的反力。平台结构的构造形式是根据工况和运输要求设计的。

（2）长船行走机构

长船行走机构主要由长船结构、行走台车、油缸等组成。油缸分别与长船结构和行走台车连接。顶升油缸伸出时短船离地，操作行走油缸的伸缩就带动行走台车移动，从而实现桩机的行走。

（3）短船行走及回转机构

短船行走机构类似于长船行走机构，主要由短船结构、回转体、行走台车、油缸、回转轴、回转滑板组成。桩机回转是在长船离地时通过两个短船反向移动，绕回转轴作相对回转。油缸行程每次动作可回转 9°，重复上述工作，桩机即可回转 360°。

（4）液压系统

主机液压系统由双联齿轮泵、多路换向阀、液压单向阀等控制元件和执行元件液压油缸组成。采用 3 台由 37kW 电机带动的 CBZ63/50 双联泵作为主机液压系统的动力源，最大工作压力 24MPa，额定流量 380L/min，液压油箱的容量 3.2m^3。

（5）电器系统

电器系统由三组交流 380V/50Hz 提供电源。吊机电源系统通过集电环安装在上车部分。

（6）吊机

吊机由起重臂、转台及液压控制系统组成。起重臂主要包括基本臂和伸缩臂、变幅油缸及伸缩油缸，伸缩油缸用于把伸缩臂的伸出后用销轴固定和运输时收回。转台是用于安装起重臂和液压控制系统，液压控制系统由柱塞泵、手动多路换向阀、平衡阀等控制元件和执行元件液压油缸、油马达组成，采用 1 台 37kW 电机带动的 CBZ2050/032 泵作为吊机液压系统的动力源，额定工作压力 18MPa，吊机最大起吊能力 20t，起重力矩 60t · m 采用液压操作，自动化程度高，结构紧凑，行走方便快速，它是当前国内较为广泛采用的一种新型压桩机械。

（7）边桩铰座

用来连接静力压桩机与组合钢板桩机构，通过 4 根销轴把静力压桩机平台与组合钢板桩机构的底座连接起来。

4.2.3.2 钢板桩机构

（1）电气控制系统

电器控制系统用来由交流 220V/50Hz 提供电源。电源由静力压桩机电气系统连接。

（2）液压系统

液压系统由插装阀块、液孔单向阀、电磁换新阀、液压锁等控制元件和执行元件（液压油缸）组成。动力由静力压桩机提供。

（3）底座

底座由底座结构、导向板、龙门面板、托梁等构成，通过销轴与原来静力压桩机连接为一体。用于支承龙门、托梁、支腿，安放电气控制柜、液压元件、爬梯等。夹具机构的导向依靠导向板定位可在底座内通过压桩油缸伸缩实现上下滑动。

（4）龙门

龙门由龙门架和压桩油缸组成，压桩油缸与龙门架通过高强螺栓连接，龙门架通过高强螺栓与底座连接。压桩油缸通过销轴与夹具机构的压桩铰座连接。

（5）夹具机构

夹具机构主要由夹持结构、压桩铰座、夹持油缸、拔桩油缸、导向、固定夹板、活动夹板 A、活动夹板 B 组成，如图 4-2 所示。夹持油缸先后推动活动夹板 B、活动夹板 A 与固定夹板三处夹紧组合钢板桩，如图 4-3 所示。

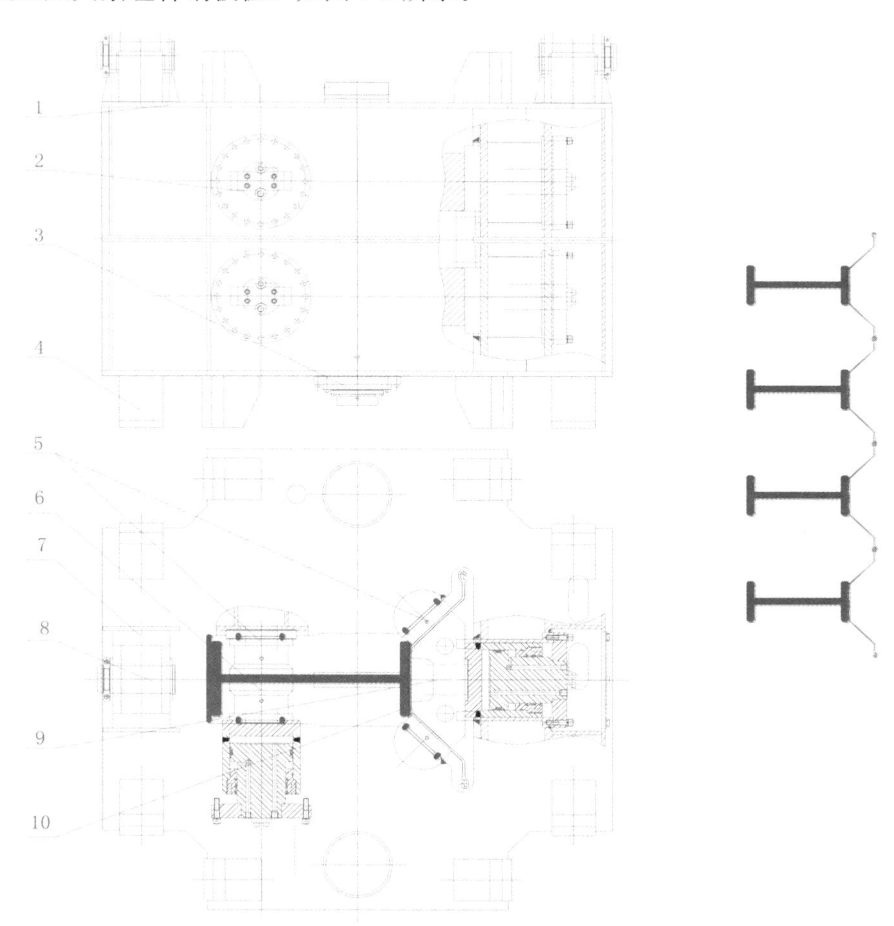

1. 夹持结构；2. 夹持油缸；3. 拔桩油缸；4. 导向；5. 固定夹板；6. 夹板 A；7. 压桩铰座；8. 压桩销轴；9. 夹板 B；10. 组合型钢板桩

图 4-2　组合型钢板桩夹具机构构造图

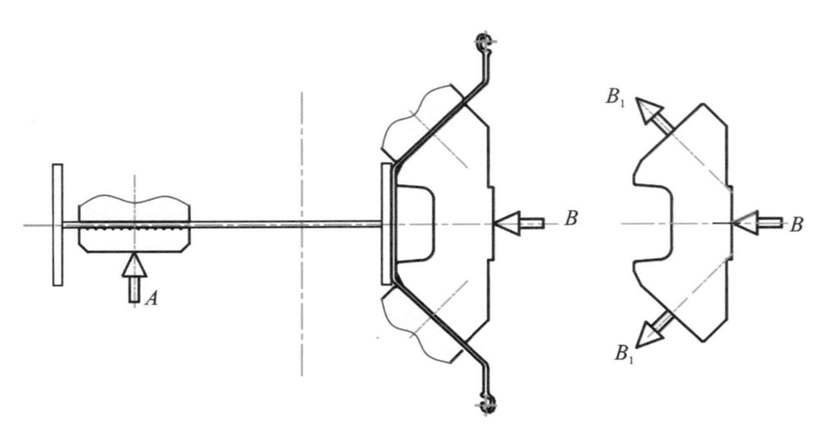

图 4-3　组合型钢板桩夹具位置布置图

由于夹具机构采用标准化制作，旋转 180°亦可进行工作，扩大了施工范围。

（6）支腿

该部分主要由支腿结构、支腿油缸、支腿油缸座等组成。支腿结构通过轴与底座连接起来，支腿油缸通过高强螺栓支腿连接起来。支腿油缸通过高强螺栓支腿缸座连接起来。支腿油缸伸出时，可以实现调节钢板桩底座的水平，保证钢板竖直。

4.3　静压设备沉桩特性验证

4.3.1　现场沉桩试验基本情况

4.3.1.1　场地工程地质条件

试验场地地形平坦，地势开阔，组合型钢板桩及压桩设备运输、操作方便，是较为理想的打桩场所。

依据钻探揭露地层，在勘探深度范围内，场区地层共分 6 层：杂填土（Q^{ml}），淤泥质粉质黏土（Q_4^{al}），粉质黏土（Q_4^{al}），粉质黏土夹黏土（Q_4^{al}），粉质黏土（Q_4^{al}），下伏基岩为第三—白垩系强风化砂质泥岩（K-E）。试验场地岩土工程地质分层、埋深、岩性特征及空间分布，如表 4-2 所示。

表 4-2　　试验场地岩土工程地质分层表

层号	层名	顶板埋深（m）	厚度（m）	岩土特征	工程特性
①	杂填土 Q^{ml}	0.00	3.00	杂色，湿—饱和，稍密—中密，主要组成成分为建筑垃圾混黏性土，硬质物含量 50%～60%，粒径一般 3～13cm	力学性质均匀性差

续表

层号	层名	顶板埋深（m）	厚度（m）	岩土特征	工程特性
②	淤泥质粉质黏土 Q_4^{al}	3.00	2.20	灰—褐灰色，饱和，软塑状态，含有机质、腐植物及少量云母片，具臭味	低等压缩性土
③	粉质黏土 Q_4^{al}	5.20	14.30	褐黄色—褐灰色，饱和，可塑状态，含铁锰质氧化物斑点，光滑，干强度高，韧性高	中等压缩性土
④	粉质黏土夹黏土 Q_4^{al}	19.50	6.00	褐灰色，饱和，硬塑状态，含有机质，稍有腥臭味，光滑，干强度高，韧性高	中等压缩性土
⑤	粉质黏土 Q_4^{al}	25.50	2.10	红褐色，饱和，坚硬状态，手难掰断，光滑，干强度高	中等压缩性土
⑥	强风化砂质泥岩 K-E	27.60	2.40	黄色—灰色，岩芯较破碎，局部已风化成土状，裂隙发育，其面多被铁锰氧化物浸染，用手可掰碎	低压缩性

在试验场地地质勘察过程中，对各土层进行了标准贯入试验和静力触探试验，试验结果曲线如图 4-4、图 4-5 所示。并对各土层取样进行了室内土工试验，各层物理力学参数如表 4-3 所示。打桩区域主要分布在第①、②、③层，其中第①、②较容易穿透，第③层为粉质黏土且厚度较大，为打桩试验的主要阻力区。

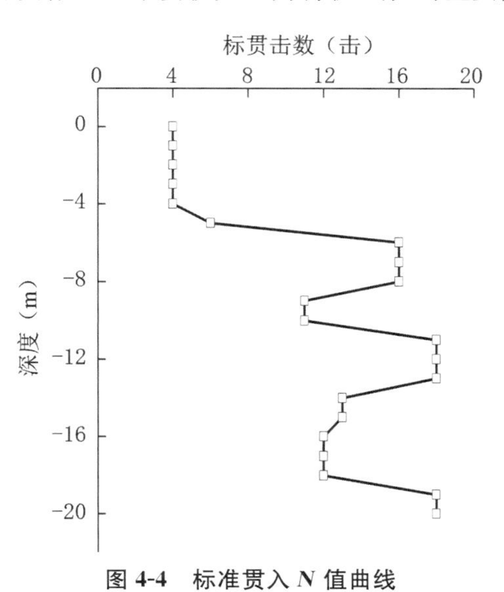

图 4-4　标准贯入 N 值曲线

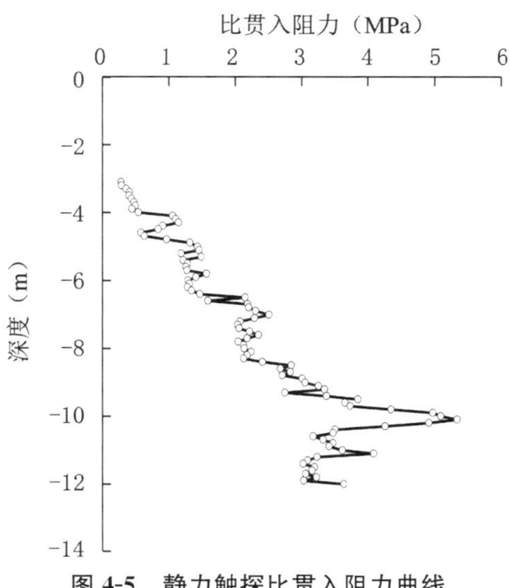

图 4-5　静力触探比贯入阻力曲线

表 4-3　　试验场地土层及物理力学参数

土层名称 顶板埋深 (m)	顶板埋深	天然 重度 γ（kN/m³）	粘聚力 c（kPa）	内摩擦角 φ（°）	标贯击数 （击）	比贯入阻力 P_s（MPa）	压缩模量 E_s（MPa）
②淤泥质土	3.0	17.9	5.64	0.62	4.6	0.8	2.81
③粉质黏土	5.2	18.9	24.13	13.70	12.1	2.82	4.21
④粉质黏土	19.5	19.8	36.99	13.14	13.1	—	6.33
⑤黏土	25.5	20.8	50.00	16.57	29	—	17.76

4.3.1.2　钢板桩型式及沉桩设备

试验钢板桩采用日铁公司生产的 900mm 热轧宽幅帽型钢板桩（NSP-10H）和国产窄翼缘 H 型钢（H800mm×300mm×14mm×26mm）现场焊接组合，试验桩长度为 12m。试验桩几何参数如图 4-6（a）、图 4-6（b）所示，试验用钢板桩如图 4-7（a）所示，试验桩力学性能参数如表 4-4 所示。

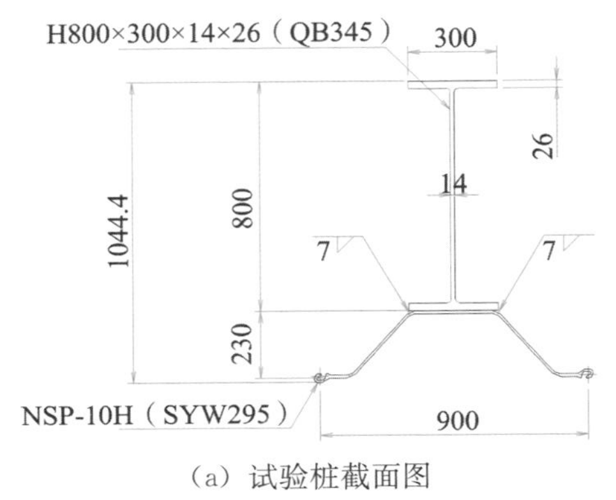

（a）试验桩截面图

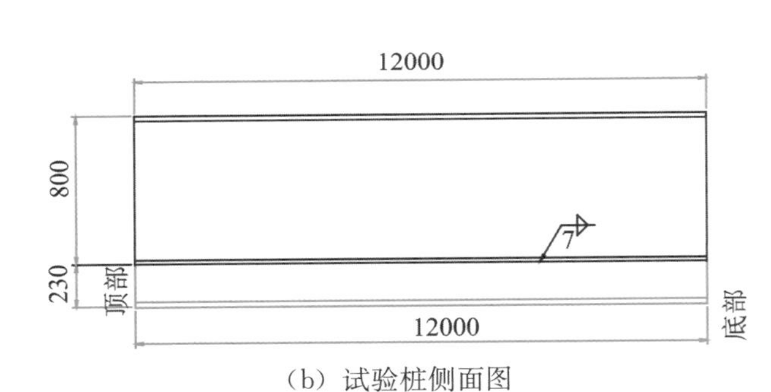

（b）试验桩侧面图

图 4-6　试验桩的几何参数

（a）试验用钢板桩

（b）T200 型静力压桩机

图 4-7　试验桩及沉桩设备

表 4-4　　试验桩力学性能参数

有效宽度（mm）	有效高度（mm）	截面面积（cm^2）	惯性矩（cm^4/m）	截面模量（cm^3）	理论重量（kg/m）
900	1030	373.5	497060	10399	293.2

沉桩设备采用湖北毅力机械有限公司针对H＋Hat组合型钢板桩研发的T200型静力压桩机，其最大压桩力为120t，最大拔桩力为200t，设计压桩速度为2.2m/min。静力压桩机如图4-7（b）所示。

4.3.1.3　压、拔桩方案

本次试验共用试验桩3根，每根试验桩分别压入、拔出5次，在试验过程中的压、拔桩顺序如图4-8所示。

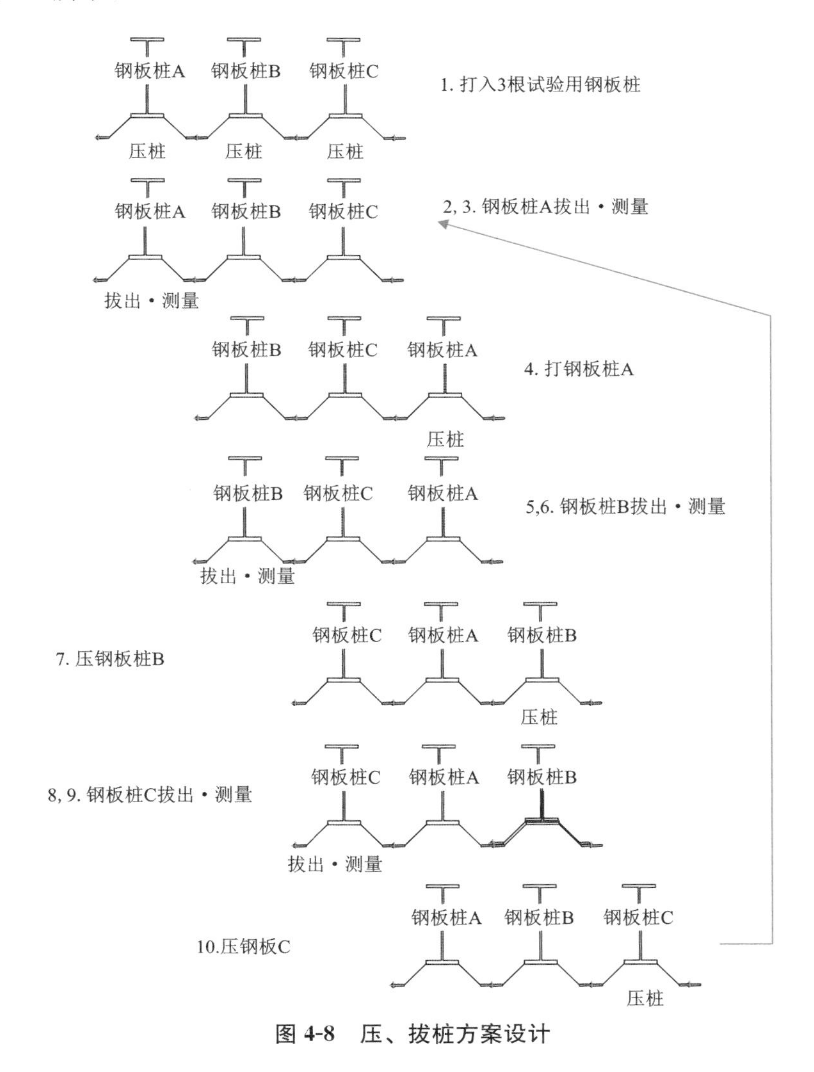

图 4-8　压、拔桩方案设计

首先，按顺序压入A、B、C3根试验桩；然后拔出试验桩A，对它的侧弯、翘曲、全宽、锁口部开口进行量测，量测完毕后在试验桩C右侧将其压入；之后拔出试验桩B，对上述监测项目进行量测，完毕后在试验桩A右侧将其压入；然后拔出试验桩C，进行量测，完毕后在试验桩B右侧将其压入。3根试验桩的拔出、量测、压入完成算是1次试验，然后重复进行5次。

4.3.1.4 试验监测项目

在试验过程中，进行以下3个方面的数据监测：

(1) 压、拔桩力监测

在钢板桩的压入、拔出过程中，通过压桩机的量测系统实时监测并记录压、拔桩力随压桩时间的变化，监测方案设计如表4-5所示。

表4-5　　压、拔桩力监测设计

项目	测量位置	实时测量				
		第1次	第2次	第3次	第4次	第5次
压桩时间	1m间距	○	○	○	○	○
振动锤输出力	1m间距	○	○	○	○	○

(2) 沉桩速度监测

在钢板桩压入过程中，记录压入每米钢板桩所需要的时间，据此分析钢板桩在不同土质条件下的沉桩速度，监测方案设计如表4-6所示。

表4-6　　沉桩速度监测设计

项目	测量位置	实时测量				
		第1次	第2次	第3次	第4次	第5次
压入深度	1m间距	○	○	○	○	○
所用时间	1m间距	○	○	○	○	○

(3) 钢板桩变形量测

在每根试验桩拔出后，对其全宽、侧弯、翘曲、锁口张开度进行量测。全宽采用大型游标卡尺测量，侧弯和翘曲采用拉尺和规线测量，锁口张开采用游标卡尺测量。沿桩身方向每隔1m量测1次，变形量测方法及量测位置如图4-9所示。变形量测方案设计如表4-7所示。

（a）全宽测量方法（大型游标卡尺）

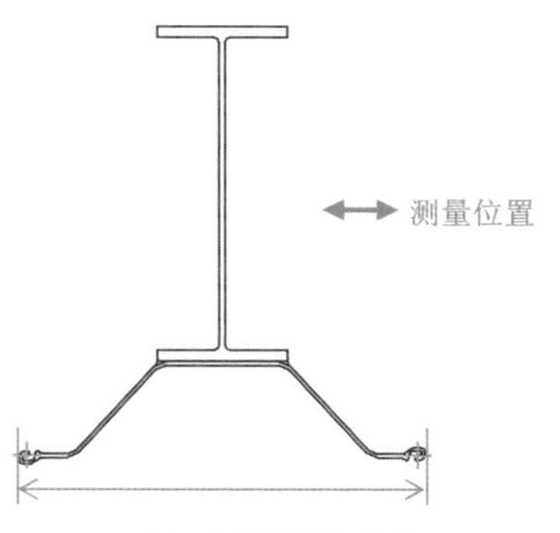

（b）全宽测量位置

（c）侧弯测量方法（拉线和规尺）

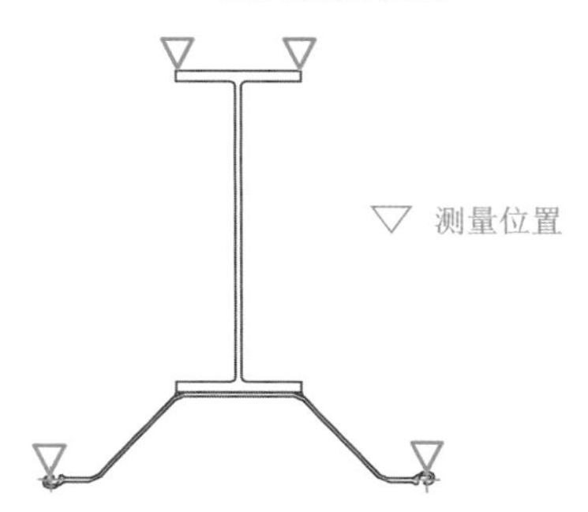

（d）侧弯测量位置

（e）翘曲测量方法（拉线和规尺）

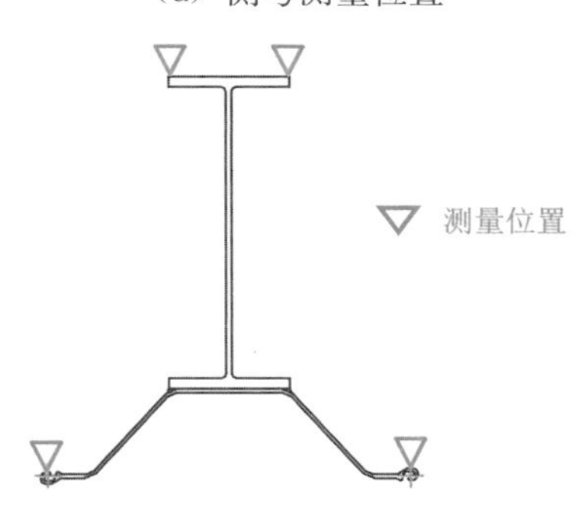

（f）翘曲测量位置

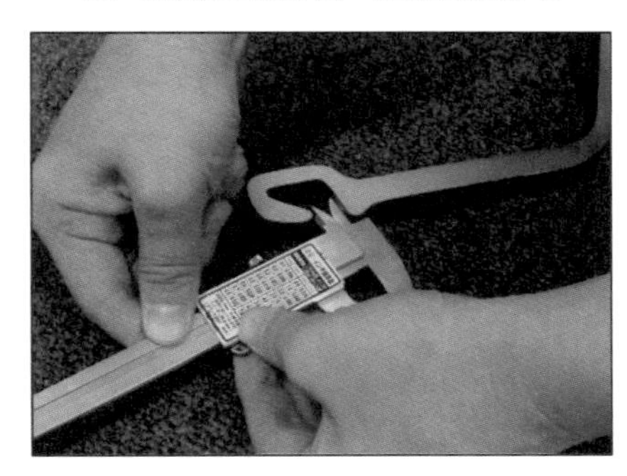

（g）锁口张开度测量方法（游标卡尺）

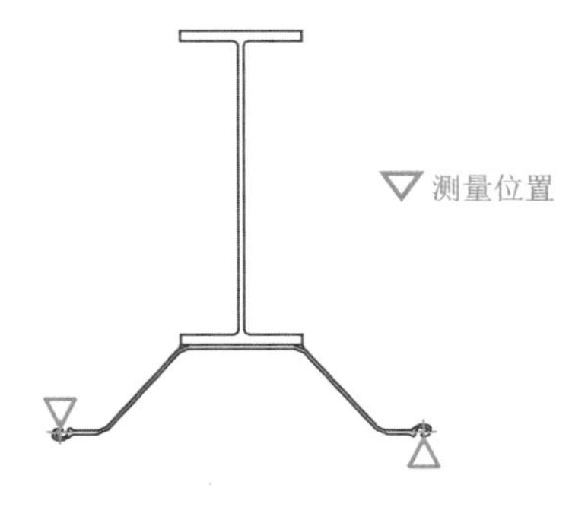

（h）锁口张开度测量位置

图 4-9　变形量测方法及量测位置

表 4-7　　变形量测方案设计

项目	测量位置	实施测量					
		开始前	第 1 次	第 2 次	第 3 次	第 4 次	第 5 次
测量时间	各钢板桩	○	○	○	○	○	○
全宽	1m 间距	○	○	○	○	○	○
侧弯	1m 间距	○	○	○	○	○	○
翘曲	1m 间距	○	○	○	○	○	○
锁口开口宽度	1m 间距	○	○	○	○	○	○

4.3.1.5　试验过程简介

压、拔桩试验的简要过程如图 4-10 所示。需要说明的是，做验证试验时钢板桩的 H 型钢和 Hat 型钢长度相同，后经研究返现，Hat 型钢比 H 型钢在桩顶、桩端处各短 1～1.5m，这样可以方便桩端入土、锁口搭接和节省 Hat 型钢板桩用量。

(a) 压桩机（一）

(b) 压桩机（二）

(c) 送桩器

(d) 桩顶焊接了加劲板的组合型钢板桩

（e）钢板桩与送桩器的连接状态

（f）测量焊接后钢板桩的翘曲和弯曲（一）

（g）测量焊接后钢板桩的翘曲和弯曲（二）

（h）测量焊接后钢板桩的翘曲和弯曲（三）

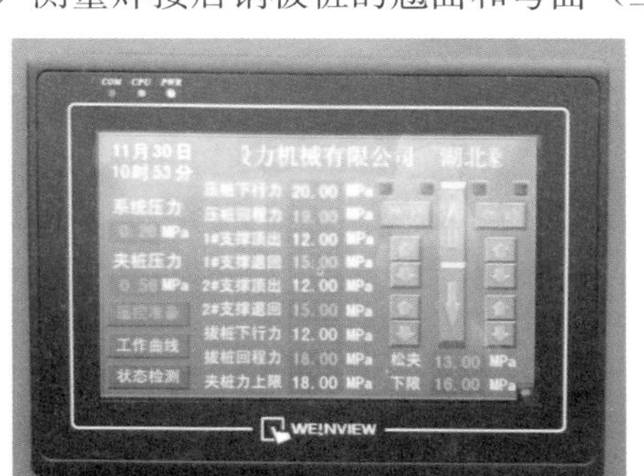

（i）压桩机的液晶仪表盘

（j）吊装钢板桩

（k）压桩

（l）利用送桩器送桩

（m）测量压桩后垂直度

（n）压桩完成后的桩排

（o）安装送桩器销钉，开始拔桩

（p）拔出的钢板桩，带土量较小

图 4-10　静压机压、拔桩试验的简要过程

4.3.2　压、拔桩力计算

在进行组合钢板桩沉、拔桩施工之前，准确地估算钢板桩的压、拔桩力，对于分析沉桩的可能性以及进行施工设备的选择具有重要意义。目前，关于钢板桩的压、拔桩力计算尚无较为完善的计算方法，本书在进行压、拔桩力估算时，参照《建筑桩基技术规范》（JGJ 94—2008）中单桩竖向极限承载力以及单桩抗拔极限承载力的方法进行计算。

4.3.2.1　压桩力估算

参照《建筑桩基技术规范》（JGJ 94—2008）中基于原位测试的单桩竖向极限承载力计算方法进行压桩力计算，计算公式如下：

$$Q_{uk}=Q_{sk}+Q_{pk}=u\sum q_{sik}l_i+\alpha p_{sk}A_p \tag{4-1}$$

式中：Q_{uk}、Q_{sk}——总极限侧阻力标准值、总极限端阻力标准值；

μ——桩身周长；

q_{sik}——用静力触探试验比贯入阻力值估算的桩周第 i 层土的极限侧阻力；

p_{sk}——桩端附近的静力触探比贯入阻力标准值；

α——桩端阻力修正系数；

l_i——桩周第 i 层土的厚度；

A_p——桩端面积。

经计算，压桩至11.5m时的最大压桩力为2806.4kN。

4.3.2.2 拔桩力估算

根据《建筑桩基技术规范》（JGJ 94—2008）中桩的抗拔极限承载力计算公式进行拔桩力计算，计算公式如下：

$$U_k = \sum \lambda_i q_{sik} u l_i \tag{4-2}$$

式中：U_k——拔桩力计算值，kN；

u——钢板桩周长，m；

q_{sik}——桩侧第 i 层土的抗压极限侧阻力标准值，kPa；

λ_i——抗拔系数，按表4-8取值。

表4-8　抗拔系数λ

土类	砂土	粉土、黏性土
λ	0.5～0.7	0.7～0.8

注：桩长 L 与钢板桩宽度 B 之比小于20时，λ取小值。

采用上述公式计算，计算最大拔桩力为2248kN。

4.3.3 压桩力试验结果分析

4.3.3.1 压桩力曲线特征分析

A、B、C试验桩分别压入、拔出5次，各试验桩的平均压桩力曲线如图4-11所示。

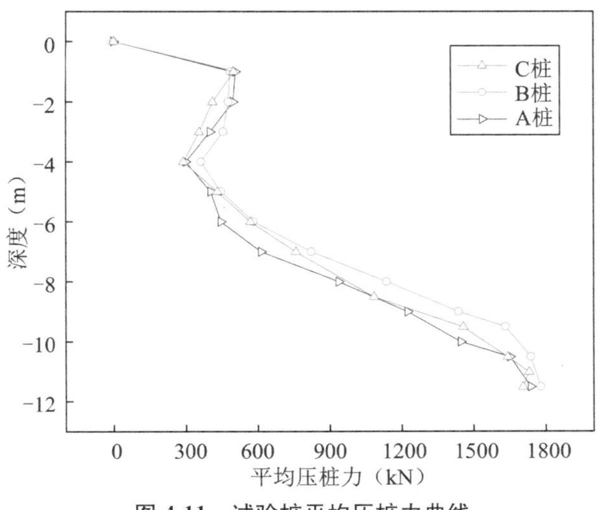

图4-11　试验桩平均压桩力曲线

由图 4-11 可以看出，3 根试验桩的平均压桩力曲线都可以大致分为 5 段：①0～1m 段压桩力与入土深度成正比，斜率较大。该段侧摩阻力近乎为零，压桩力主要由端阻力构成，使土体发生初始剪切破坏需要较大的端阻力，且该土层为杂填土，含有较多建筑垃圾，相对较硬，因而压桩力增长较快。②1～4m 段压桩力与入土深度成反比。一方面由于表层杂填土被切割破坏，另一方面由于桩即将进入土质较软的淤泥质土，这都导致端阻力有所减小，但此时侧摩阻力尚未充分发挥，其增幅小于端阻力减小。③4～6m 段压桩力与入土深度成正比，斜率较小。该阶段桩端阻力逐渐趋于稳定，侧摩阻力随桩入土深度的增加稳定增长。④6～9.5m 段压桩力与深度成正比，但斜率大于上一阶段。该阶段桩进入粉质黏土层，相对于淤泥质土强度有所提高，侧摩阻力有较大增长，桩端阻力也略有增加。⑤9.5～11.5m 段压桩力增幅逐渐放缓，并有趋于稳定的趋势。这说明在同一土层中，桩侧摩阻力在同一土层中并不会随桩入土深度线性增长，而是到达一临界深度以后逐渐趋于一稳定。

4.3.3.2 压桩力计算公式修正

由上述压桩力曲线可知，试验得到的最大平均压桩力为 1779.4kN，而式（4-2）的估算结果为 2806.4kN，两者有较大差距，在实际应用中有必要对上述公式进行修正。将钢板桩压入土体的压桩力主要由桩侧摩阻力、桩端阻力和锁口之间的摩阻力三部分组成，相对于建筑基桩而言，钢板桩的截面积较小，因而桩端阻力相对较小；锁口之间的阻力也可以通过加入润滑剂等措施予以减小，故压桩力主要受侧摩阻力控制。在式（4-1）的计算过程中，未考虑钢板桩压入过程中“土塞效应”的影响，导致计算采用的侧面积偏大；且钢板桩压入过程中的侧摩阻力为动摩擦力，而非单桩竖向极限承载力中的静摩擦力，这也导致了计算压桩力较试验值偏大。故在上述公式中引入侧摩阻力折减系数 λ_s 对公式进行修正，根据本次试验结果，λ_s 建议取 0.65，修正后的压桩力计算公式如下：

$$Q_{uk}=Q_{sk}+Q_{pk}=u\lambda_s\sum q_{sik}l_i+\alpha p_{sk}A_p \tag{4-3}$$

式中：λ_s——侧摩阻力折减系数。

4.3.4 拔桩力试验结果分析

4.3.4.1 拔桩力曲线特征分析

A、B、C 试验桩的平均拔桩力曲线如图 4-12 所示。

拔桩力主要由钢板桩与土体之间的侧摩阻力、钢板桩锁口之间的咬合力以及钢板桩自重组成，锁口咬合力及桩身自重相对于侧摩阻力均较小，故拔桩力主要受桩侧摩阻力控制。

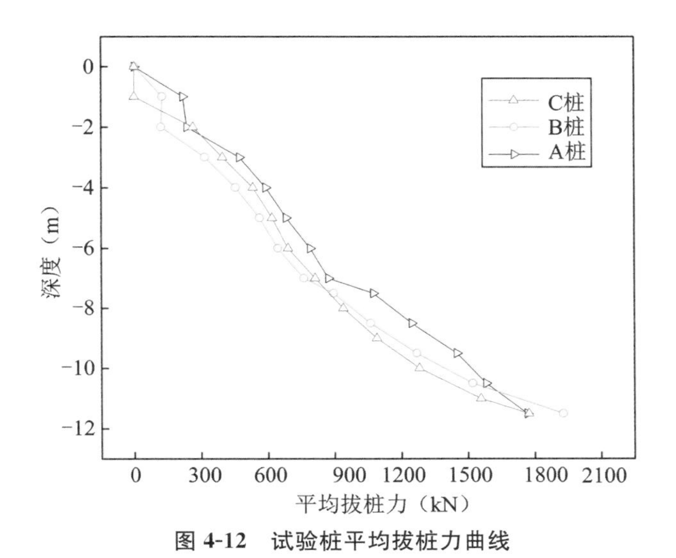

图 4-12　试验桩平均拔桩力曲线

由图 4-12 可知，3 根试验桩的平均拔桩力曲线的形状都大致为“S”型，大致可将拔桩力曲线分为三段：

（1）初始拔桩阶段（9.2～11.5m）

该段拔桩力较大，曲线斜率较大，拔桩力减小较快。一方面，拔桩的启动过程是一个由“静摩擦”变为“动摩擦”的过程，拔桩过程一旦启动，桩侧阻力即由“静摩擦力”变为“动摩擦力”，拔桩力即有较大幅度下降；另一方面由于拔桩启动后对土体的扰动导致桩周土体产生超孔压，土体对桩的侧向力减小，以及部分桩周土体发生塑形破坏，这也导致了拔桩力的减小。

（2）拔桩力稳定减小阶段（2.8～9.2m）

该阶段侧摩阻力基本稳定，随着桩的拔出，土体与桩的接触面积线性减小，导致拔桩力随桩的拔出近似呈线性减小。

（3）拔桩力突降阶段（0～2.8m）

地表土层土体较为松散，土体变形导致钢板桩与土体之间形成细小的缝隙，一旦钢板桩与土体失去接触，拔桩力便剧减，甚至降低为零。

4.3.4.2　拔桩力计算公式修正

由上述拔桩力曲线可知，试验得到的最大平均拔桩力为 1929kN，而式（4-2）的估算结果为 2248kN，两者有一定的差距，在实际应用中有必要对上述公式进行修正。

这主要是在式（4-2）的计算过程中，未考虑钢板桩“土塞效应”的影响，导致计算采用的侧面积偏大。在上述公式中引入拔桩力折减系数 β 对公式进行修正，根据本次试验结果，β 建议取 0.9，修正后的压桩力计算公式如下：

$$U_k = \sum \lambda_i \beta q_{sik} u l_i \tag{4-4}$$

式中：β——拔桩力折减系数。

4.3.5 重复压拔桩工况下的变形分析

钢板桩支护结构相对于传统支护结构的最大优势在于其重复使用性，为了解H＋Hat组合型钢板桩在反复压、拔过程中的变形量及变形特征，确定其在变形容许范围内可以安全使用的次数，在试验过程中对钢板桩的全宽、侧弯、翘曲以及锁口张开度进行量测。

4.3.5.1 容许变形量的确定

目前，国内外关于组合型钢板桩的容许变形量还没有相关规范规定，本次试验参考国标及日本JIS公差标准中关于U型钢板桩、H型钢的容许变形量的规定，确定H＋Hat组合型钢板桩的容许变形量，如表4-9所示。

表4-9　H＋Hat组合型钢板桩最大容许变形量

钢板桩规格	全宽		—	936mm
	全长 l		—	12m
	锁口张开度		—	14mm
容许变形	全宽	最大	＋10mm	946mm
		最小	－5mm	931mm
	锁口张开	最大	＋5mm	19mm
		最小	－5mm	9mm
	钢板桩侧弯	l>10m	（全－10m）×0.10%＋12mm	14mm
	钢板桩翘曲	l>10m	（全－10m）×0.20%＋25mm	29mm
	翼缘侧弯	l>10m	（全－10m）×0.10%＋12mm	14mm
	翼缘翘曲	l>10m	（全－10m）×0.20%＋25mm	29mm

4.3.5.2 变形特征分析

（1）全宽变化

试验桩5次压桩完毕后的累计全宽变形如图4-13所示，图中横轴正向表示全宽增加，横轴负向表示全宽减小。

由图4-13可以看出，钢板桩在巨大压桩力的作用下整个桩身都发生了一定的加宽变形，仅在接近桩身底部的位置有少量缩窄变形，加宽最大值为9mm，位于桩底，平均3.31mm；最大缩窄量为4.7mm，位于桩身11m处，平均2.14mm，变形量均小于容许值。

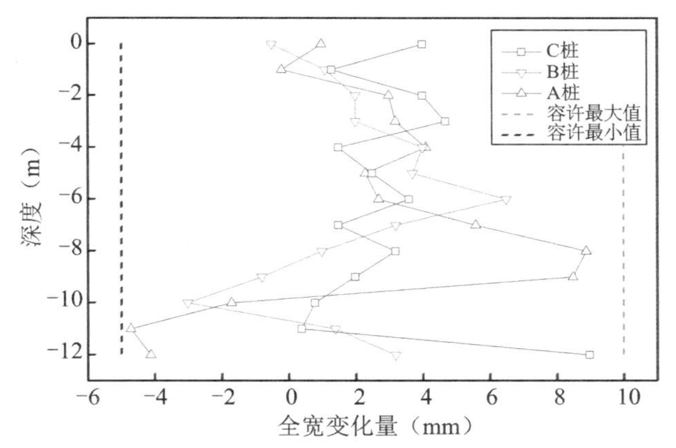

图 4-13 H+Hat组合型钢板桩累计全宽变形曲线

（2）侧弯变形

试验桩 A 的侧弯变形如图 4-14 所示，图中横轴正向表示钢板桩向右侧弯曲，横轴负向表示向左侧弯曲。

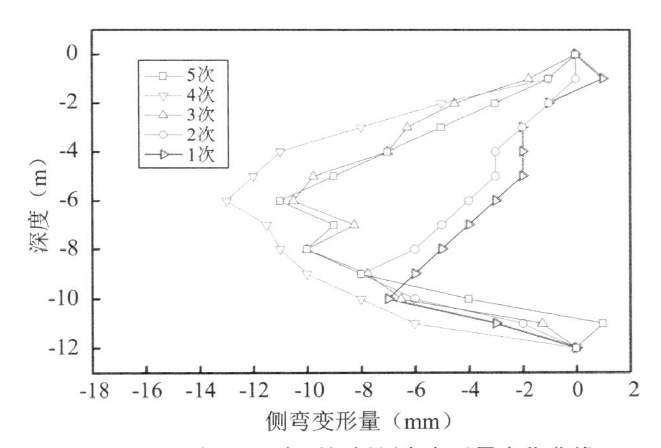

图 4-14 H+Hat组合型钢板侧弯变形量变化曲线

由图 4-14 可以看出，桩身中下部侧弯变形量较大，且侧弯变形量随压桩次数的增加而增大，最大侧弯变形位于桩身 6m 处，变形量为 13mm，小于容许值 14mm。

（3）翘曲变形

试验桩 A 的翘曲变形如图 4-15 所示，图中横轴正向表示钢板桩向外侧翘曲，横轴负向表示向内侧翘曲。

由图 4-15 可知，桩身中下部翘曲变形量较大，且翘曲变形量随压桩次数的增加而增大，最大翘曲变形位于桩身 8m 处，变形量为 15mm，小于容许值 29mm。

（4）锁口张开度

试验桩 5 次压桩完毕后钢板桩左右锁口张开度变化曲线如图 4-16 所示。

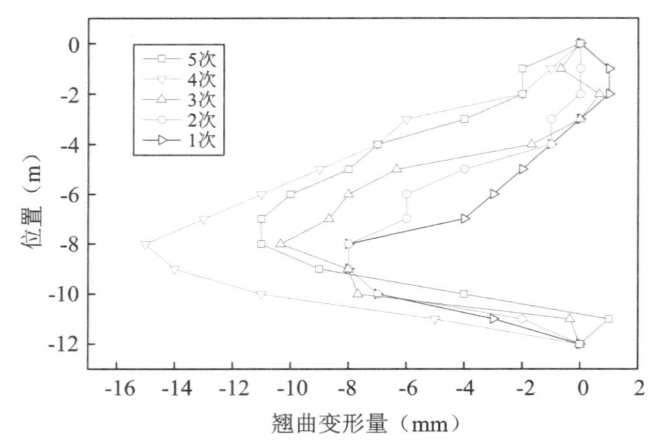

图 4-15　H＋Hat组合型钢板桩翘曲变形量变化曲线

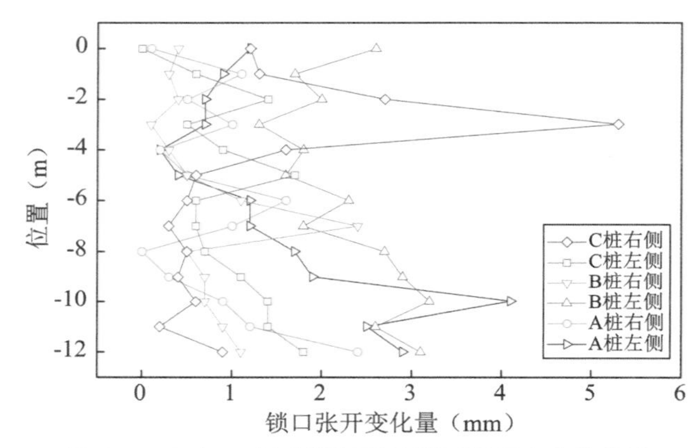

图 4-16　H＋Hat组合型钢板桩锁口张开度变化曲线

由图 4-16 可知，钢板桩的锁口张开沿桩身分布较均匀，最大张开量为 5.3mm，平均 1.26mm。

由上述分析可知，H＋Hat组合型钢板桩在重复使用 5 次的工况下，其全宽、锁口张开、侧弯及翘曲变形均在容许范围，满足工程要求。

4.3.6　沉桩速度分析

为了解H＋Hat组合型钢板桩在不同地层中施工的沉桩速度，在试验过程中对沉桩速度进行了实时监测，不同深度处的沉桩速度如图 4-17 所示。

由图 4-17 可知，钢板桩的沉桩速度首先决定于土体的性质，表层填土由于土质软弱松散，因而贯入较快，该土层平均沉桩速度为 1.32m/min；3～5.2m 的土质较表层填土密实，沉桩速度有所降低，平均沉桩速度为 0.76m/min；5.2～11.5m 的粉质黏土层更加坚硬，沉桩速度更低，平均沉桩速度为 0.51m/min。此外，在同一土层中，随桩入土深度的增加，沉桩速度也有所下降。

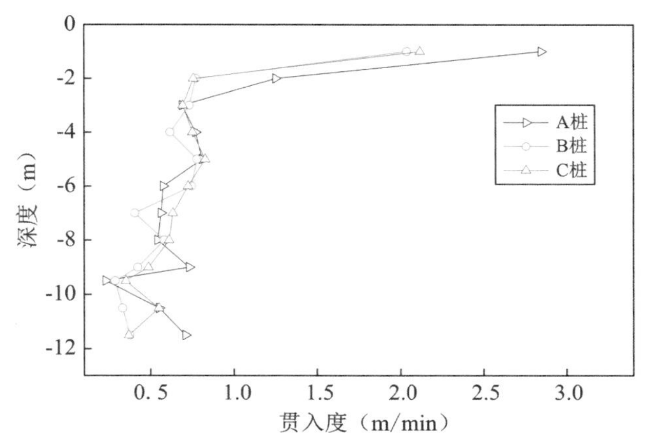

图 4-17　H+Hat组合型钢板桩沉桩速度曲线

在本次试验中，共压桩 15 次，试验测得平均压桩时间为 25min/根，沉桩速度约 0.46m/min，且该时间中计入了压桩机具移动、千斤顶调整、送桩器安装等辅助时间。按此时间估算，每天（以 8h 计算）可施工钢板桩支护结构 17 延米，相对钻孔灌注桩、地下连续墙等支护传统支护结构，大大缩短了施工时间，在软土地区具有良好的适用性。

5 H＋Hat组合型钢板桩建筑基坑应用案例

5.1 概述

H＋Hat组合型钢板桩之前多用于沿海软土地区的港口、码头及河道护岸工程。为了验证其是否适用于城市基坑工程，有必要在实际的基坑支护工程中验证其工作性能。有鉴于此，在武汉金牛大厦深基坑、武汉凯景大厦深基坑支护中各选取一段试验段，利用H＋Hat组合型钢板桩取代原设计的混凝土灌注桩，验证其桩身内力、变形、止水性能、拔桩后带土量是否满足城市建筑基坑周边环境保护的要求，验证多次使用工况下拔桩后其桩身弯曲、翘曲是否满足重复使用的要求，并针对其工程应用中出现的问题探讨其设计、施工的优化措施。通过试验段的工程应用，积累组合型钢板桩在建筑基坑应用的经验和数据，为以后类似项目提供参考。

2013 年 9 月，在武汉市江岸区黄浦大街与建设大道交汇处的金牛项目基坑的试验段进行了现场试验，试验段长度 19.5m，共布置了 30 根组合型钢板桩。现场埋设了应变计、测斜管，测试记录了组合型钢板桩的打桩力、打桩速度、桩身应力、桩身测斜等数据。2014 年 1 月，在汉口古田二路西侧凯景国际大厦项目基坑的试验段进行了现场试验。试验段平面长度为 46.8m，共布置 52 根组合型钢板桩，桩长 19m，基坑深度 10.0m。现场测试记录了拔桩力、拔桩速度、拔桩后桩身变形、拔桩带土量等数据。

5.2 武汉金牛大厦深基坑支护工程

5.2.1 工程概况

武汉交发金炜置业有限公司拟在武汉市江岸区黄浦大街与建设大道交会处地段新建天马地块项目。该项目共由 4 栋 55 层住宅楼、1 栋 68 层办公楼、1 栋 11 层办公楼及商业裙房组成，设有 1 个集中满铺地下室。本工程重要性等级为一级，场地等级为二级，地基等级为二级，勘察等级为甲级。拟建基坑工程重要性等级可定为一级。

由于基坑下方有地铁 8 号线通过，且地铁隧道管壁的顶部标高为－17.80m，两层纯地下区域基底标高为−12.30m，两者相差5.5m。若地铁贯穿区域采用常规的钻孔灌注桩+1层水平钢筋混凝土内支撑的支护形式，则支护桩桩长达19m，桩端标高为−22.00m，已进入地铁盾构范围内，导致后期地铁盾构无法施工，经过建设方、武汉地铁集团及相关部门的多次沟通与协商，初步决定采用：单排φ850@600的三轴水泥土搅拌桩内插H700mm×300mm×13mm×24mm+1层水平钢筋混凝土内支撑的桩撑支护方式，桩长19m，待地下室回填后拔出H型钢，然后进行盾构施工。基于低碳环保理念和减少资源浪费，本次采用可回收并多次利用的钢板桩代替SMW工法桩。由于基坑较深、坑壁土质较差，采用常规的单一截面的钢板桩无法满足强度和刚度的要求，本次支护设计采用H+Hat组合型钢板桩进行支护。

H+Hat组合型钢板桩试验段基坑深为12.6m，试验部位基坑下部为地铁8号线隧道区间，试验部位北侧为黄埔大街，距离大于50.0m，东侧为建设大道，距离大于50.0m。试验场区平坦、开阔，能够满足试验设备的进出及施工要求，利于试验设备的安装及数据监测。

5.2.1.1 场区位置及地形地貌

本次勘察地点位于汉口江岸区黄浦大街以南，建设大道以西，地势平坦，场地归类于长江北岸Ⅰ级阶地地貌。

5.2.1.2 场地土（岩）层结构与特性

通过场地实际钻探勘察、土体原位试验以及室内土工试验，得出以下结论：在钻探深度范围内除表层分布有厚度不一的杂填土（Q^{ml}）及淤泥（Q^{l}）外，其下为第四系冲积（Q_4^{al}）成因的黏性土、砂土层，下伏基岩为白垩—第三系砂砾岩。

各地层的分布埋藏条件如表5-1所示。

表5-1 场地各土（岩）层特性表

编号和名称	年代及成因	场地内分布情况	层面埋深（m）	地层厚度（m）	地层颜色	流塑性或致密度	压缩性	包含物及其他特性
（1）杂填土	Q^{ml}	全场地	0	1.2～5.8	杂	松散	高	为建筑垃圾混黏性土组成，土质不均，结构松散
（2）淤泥	Q^{l}	场地部分地段缺失	1.2～5.8	0.4～4.2	灰黑	软—流塑	高	含有机质及腐植物，具腥臭味，并夹有碎石、煤渣等杂物，分布不均匀

续表

编号和名称	年代及成因	场地内分布情况	层面埋深（m）	地层厚度（m）	地层颜色	流塑性或致密度	压缩性	包含物及其他特性
（3）黏土	Q_4^{al}	全场地	3.0～7.4	1.2～6.6	黄褐—灰褐	软塑	中—高	含氧化铁及斑状物
（4）粉质黏土夹粉砂		全场地	8.2～11.0	0.9～3.8	褐灰	软塑（部分可塑）	中—高	含氧化铁及云母片，粉质黏土呈软塑状态，部分可塑，粉砂呈层状形式出现，分布不均匀
（5）粉砂		场地部分地段	4.7～13.8	2.2～7.7	青灰	松散—稍密	中	含多量云母片，夹薄层可塑状粉质黏土
（6）细砂		全场地	11.8～19.6	5.8～18.4	青灰	稍—中密	中	含多量云母片，部分地段夹薄层可塑粉质黏土
（7）细砂		全场地	20.2～33.8	0.2～17.6	青灰	中密	低	含多量云母片，局部段夹少量中粗砂、砾砂
（8）粉质黏土		全场地	33.8～39.6	0.8～4.3	灰褐	可塑	中	含云母片及氧化铁，夹薄层状粉细砂
（9）细砂		全场地	35.0～40.8	1.5～7.6	青灰	中密—密	低	成分为石英质，含长石、云母，混含中粗砂，含量为10%～15%，偶夹砾石
（10-1）砂砾岩强风化	K-E	全场地	39.5～99.5	1.1～12.8	灰褐—棕红		低	岩芯以松散状碎块为主，泥质胶结易散，碎石直径一般为1～5cm，含量为25%～35%，夹中风化块，裂隙发育，遇水易软化，钻进程度一般

5.2.1.3 水文地质条件

在场地钻探中发现，所有钻孔中都出现地下水。通过对勘察结果的分析了解到：场地地下水主要是上层滞水和承压水。上层滞水存在于（1）号杂填土层中，其补给方式主要是大气降水、城镇生产和生活排水渗透，稳定水位埋深为1.1～4.2m，相应标高为17.59～22.37m。承压水存在于砂土层中，因其与长江水力联系紧密，水位变化与长江水位变化存在互补关系，淡水赋含量丰富。黏性土层的隔水效应，致使上层滞水与承压水之间没有水力联系。

勘察期间分别于3个钻孔中采取地下水试样2件进行水质简分析。据调查了解，拟建场地周边无污染源存在，同时依据检验报告，根据《岩土工程勘察规范》（GB 50021—2001）中对地下水腐蚀性的判定要求，判定该场地地下水具微腐蚀性，腐蚀对象主要为H+Hat组合型钢板桩、混凝土及其中的钢筋。

5.2.1.4 岩土力学参数

根据本次勘察结果，结合《基坑工程技术规程》（DB 42/159—2012）基坑支护设计所需参数可按表 5-2 中数值采用。

表 5-2 基坑设计参数

地层层号和名称	天然重度 γ（kN/m³）	粘聚力 c（kPa）	内摩擦角 φ（°）
（1）杂填土	18.0	12	15
（2）淤泥	16.0	10	4
（3）黏土	17.8	16	7
（4）粉质黏土夹粉砂	18.0	18	11
（5）粉砂	20.5	0	29
（6）细砂	21.0	0	31
（7）细砂	21.2	0	33

根据本次勘察结果，结合武汉地区经验并参照现行有关规范规程综合分析，设计所需各地层各桩型的桩周土摩阻力特征值 q_{sia} 及桩端阻力特征值 q_{pa}，建议按表 5-3 中数值使用。

表 5-3 桩基设计参数一览表

地层层号和名称	钻孔灌注桩		静压预制桩	
	q_{sia}（kPa）	q_{pa}（kPa）	q_{sia}（kPa）	q_{pa}（kPa）
（1）杂填土	11		12	
（2）淤泥	6		7	
（3）黏土	20		17	
（4）粉质黏土夹粉砂	19		18	
（5）粉砂	16		20	
（6）细砂	22	500（$h\geqslant15$）	26	2400（$15<h\leqslant30$）
（7）细砂	27	530（$h\geqslant15$）	32	2800（$15<h\leqslant30$），3200（$h\geqslant30$）
（8）粉质黏土	28		25	
（9）细砂	30	560（$h\geqslant15$）	35	
（10—1）砂砾页岩强风化	70	850		
（10—2）砂砾页岩中风化	180	2800		
（10a）砂砾岩强中风化	120			

5.2.2 方案设计

5.2.2.1 H＋Hat组合型钢板桩支护结构设计

参照湖北省地方标准《基坑工程技术规程》（DB 42/159—2012）中第4.0.1条的要求，从基坑周边环境复杂程度、岩土工程条件以及水文地质条件这三个方面判定，本基坑工程重要性等级为一级。对于本基坑，H＋Hat组合型钢板桩基坑支护方案采用H＋Hat组合型钢板桩替换了原有的基坑支护结构。基坑总深度为12.6m，基坑坑顶采用放坡开挖，放坡开挖深度2.0m，放坡坡比1：1，放坡形成的平台宽10.0m。支撑仍然采用原有基坑支护结构的支撑体系，共布置一排支撑，支撑体系布置于桩顶与冠梁连接处，支撑轴线距离钢板桩桩顶0.5m。组合型钢板桩支护结构呈直线布置，长度为55m。平面布置如图5-1所示。

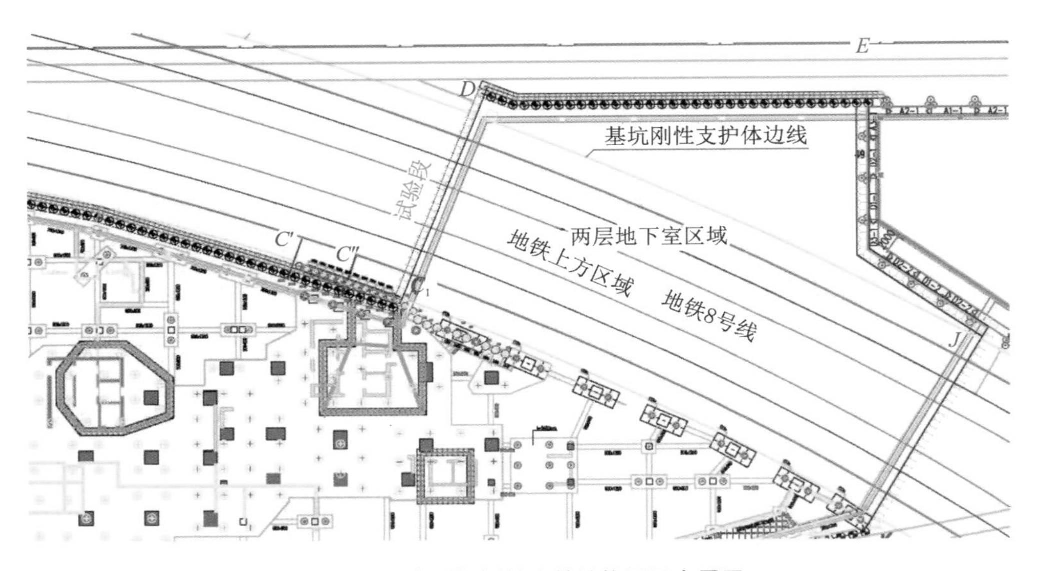

图5-1　组合型钢板桩支护结构平面布置图

考虑到H＋Hat组合型钢板桩本身拥有良好的截、防水性能，故在选用组合型钢板桩作为基坑支护结构时，不必再采用竖向止水帷幕和降水等措施。

支护结构钢板桩采用日本NSP-10H型钢板桩，配合800×300（HN792×300×14×22）型H型钢形成H＋Hat组合型钢板桩，组合型钢板桩截面模量 $w=10745cm^3/m$，Hat型钢板桩每延米截面模量弯曲容许应力［f］＝185MPa。组合型钢板桩支护桩长19.5m，顶部1m及下部4.5m为800×300H型钢。支护结构剖面布置如图5-2所示。组合型钢板桩试验段现场如图5-3、图5-4所示。

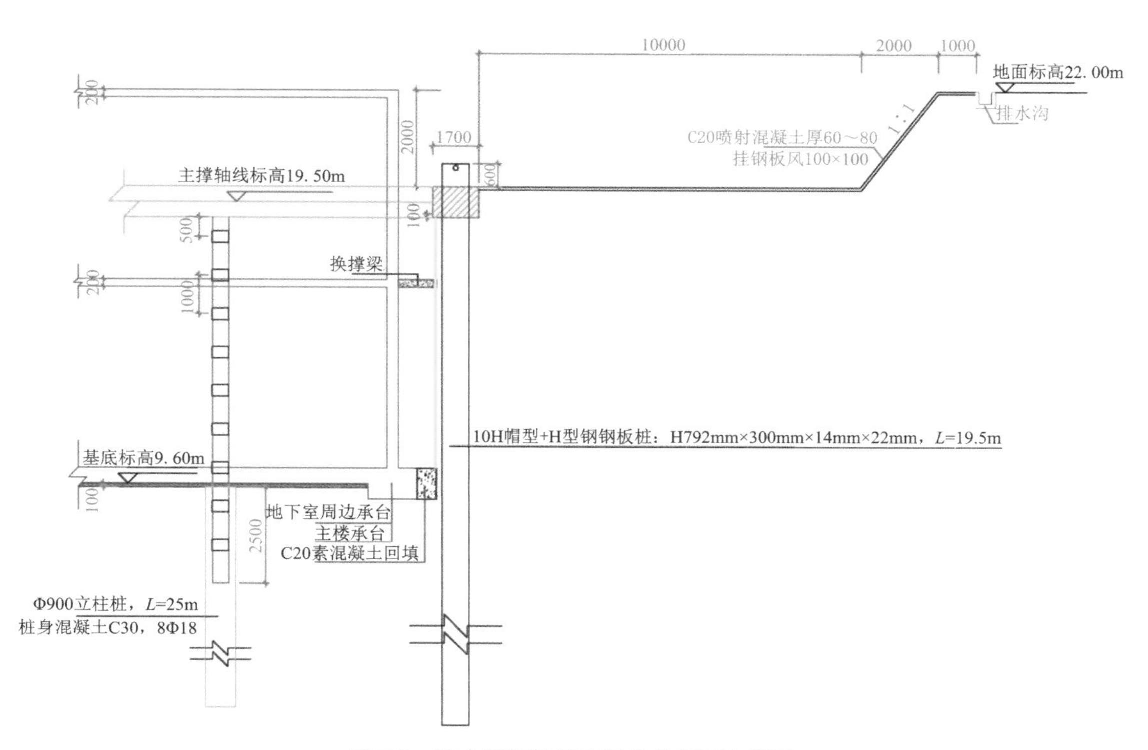

图 5-2 组合型钢板桩支护结构剖面布置图

图 5-3 金牛项目H＋Hat组合型钢板桩试验段现场（一）

图 5-4　金牛项目H＋Hat组合型钢板桩试验段现场（二）

5.2.2.2　支护结构计算

支护结构计算采用刚度等值法将 Hat 型＋H 型组合型钢板桩转化为刚度相当的地下连续墙进行计算，采用“天汉软件”进行计算。

将地下连续墙的截面模量设定为 $10735cm^3/m$，等效为地下连续墙厚度为 0.39m。支护结构计算采用支护位置 ZK9 的地层信息进行计算，地层岩土力学参数如表 5-2 所示。当采用等值梁法计算时，支护结构内力计算结果如图 5-5 所示。

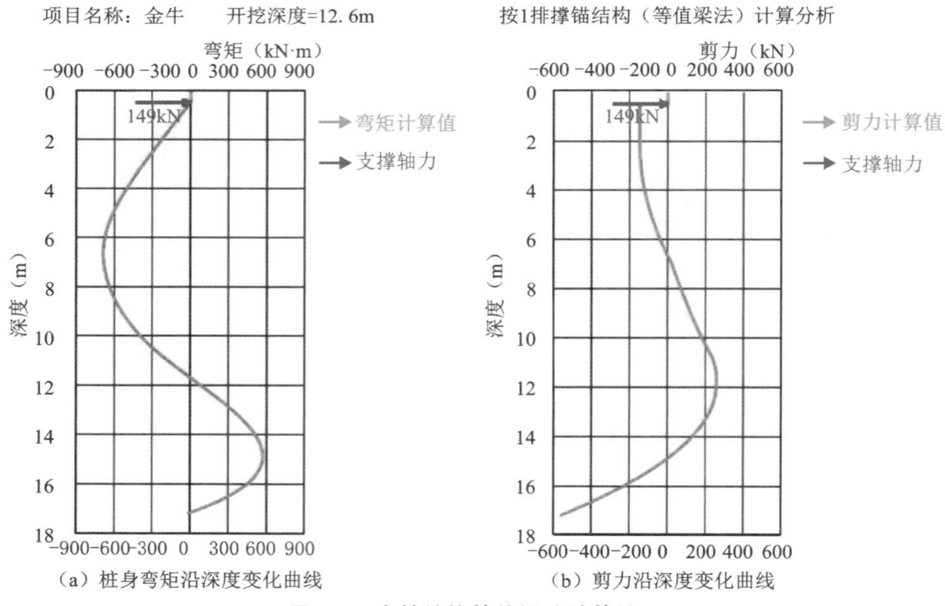

（a）桩身弯矩沿深度变化曲线　（b）剪力沿深度变化曲线

图 5-5　支护结构等值梁法计算结果

由计算结果可知，钢板桩最大负弯矩为 687kN·m，出现在桩身 6.7m 处，最大剪力为 559kN。当采用弹性抗力法计算时，支护结构内力和位移计算结果如图 5-6 所示。由计算结果可知，钢板桩最大弯矩为 697kN·m，出现在桩身 7.8m 处，最大剪力为 261kN，最大水平位移为 21mm。

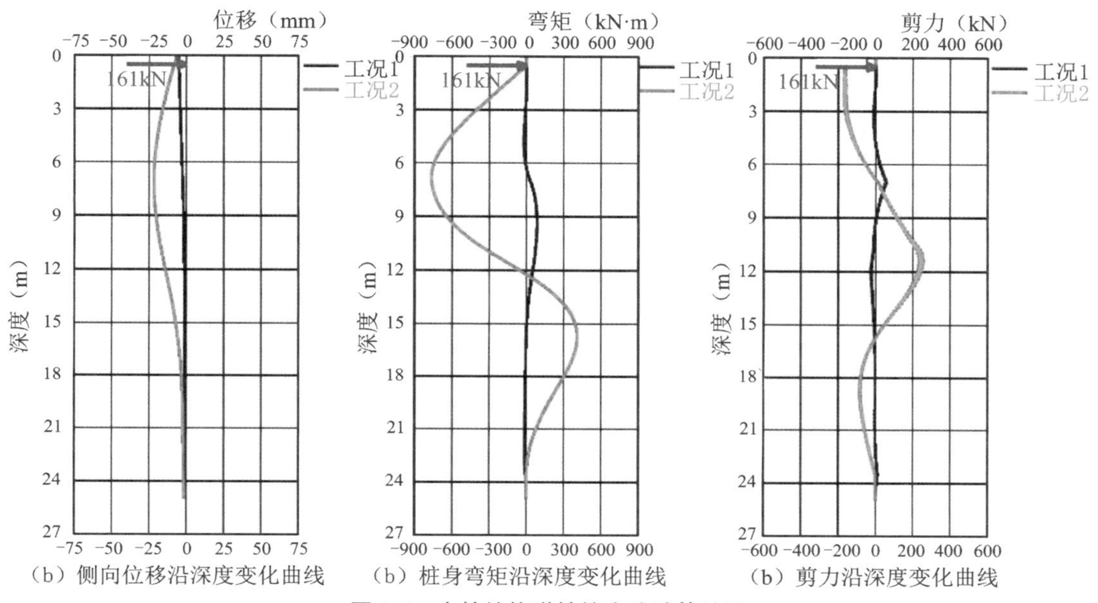

图 5-6　支护结构弹性抗力法计算结果

通过将等值梁法和弹性抗力法的弯矩计算曲线进行对比分析发现：等值梁法与弹性抗力法计算所得的钢板桩弯矩曲线形式比较相似，但弯矩值存在一些差异。等值梁法计算出钢板桩在 17.2m 以下位置不再产生弯矩，而弹性抗力法计算结果显示钢板桩底端弯矩才为零；最大负弯矩值相差较小，差值达到 10kN·m，但最大正弯矩值存在较大差异，差值达到 170kN·m。此外，采用弹性抗力法计算所得的弯矩最大值出现在桩身 7.8m 处，略不同于等值梁法计算弯矩峰值点（桩身 6.7m 处）。

5.2.2.3　H+Hat组合型钢板桩监测方案设计

布设的基坑围护结构监测项目为：组合型钢板桩侧向位移监测（测斜）和组合型钢板桩的应力、应变监测。

（1）组合型钢板桩侧向位移监测（测斜）

如图 5-7 所示，将 PVC 测斜管套入与之匹配的方钢中，然后将方钢焊接在组合型钢板桩上，测斜管随组合型钢板桩一起打入土体，监测组合型钢板桩的侧向变形。测斜保护管为 50×50×3.2 方钢。监测仪器采用伺服加速度式测斜仪，监测精度为 1mm。

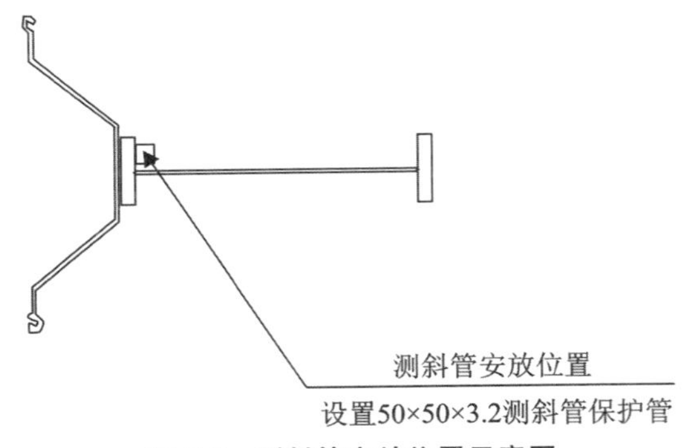

图 5-7　测斜管安放位置示意图

（2）组合型钢板桩的应力、应变监测

在监测断面与基坑的交会处布置组合型钢板桩应力应变监测点，应变监测采用钢板桩表面贴振弦式应变计的方法进行应变测试，然后根据实测应变值由钢板桩的应力应变关系计算出钢板桩应力。沿钢板桩轴向每间隔 2m 布置一组，每组设置 3 个振弦式应变计，应变计在钢板桩上的粘贴位置如图 5-8、图 5-9 所示。应变计每根钢板桩布置应变监测 10 组，粘贴振弦式应变计 28 个。

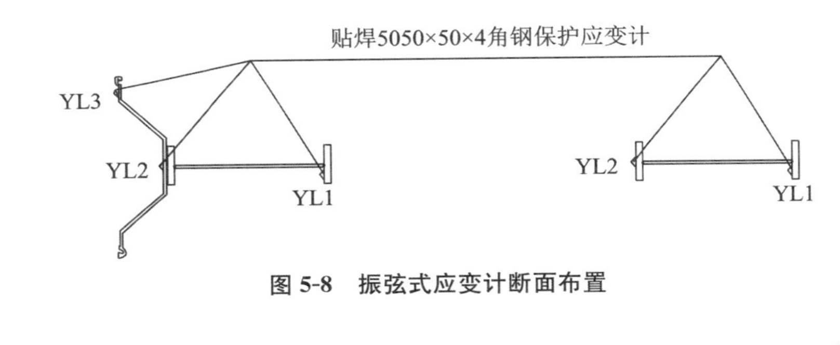

图 5-8　振弦式应变计断面布置

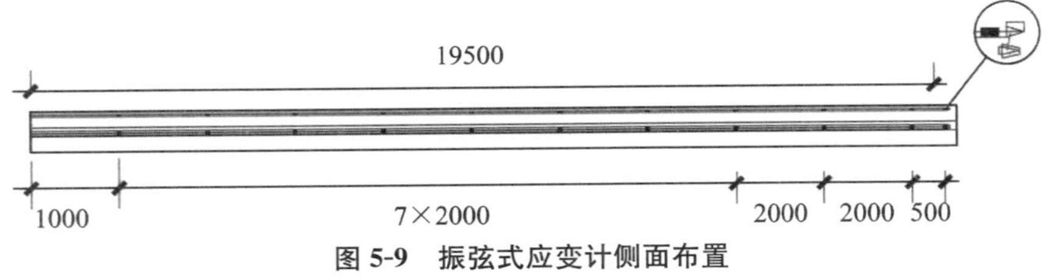

图 5-9　振弦式应变计侧面布置

保证应变计在打桩过程中不发生损坏，采用槽钢贴焊于钢板桩上，并对末端进行封闭，对应变计进行保护，如图 5-10 所示。

（3）监测频率及预警值

在基坑开挖期间每天监测一次，开挖前后一定时间内，根据需要可每隔 3 天监测一次。对于支护结构完工后至基坑回填期间，监测周期可放宽至 7 天，但如果碰到暴雨或钢板桩变形速率突然增大的状况，监测频率应提高。

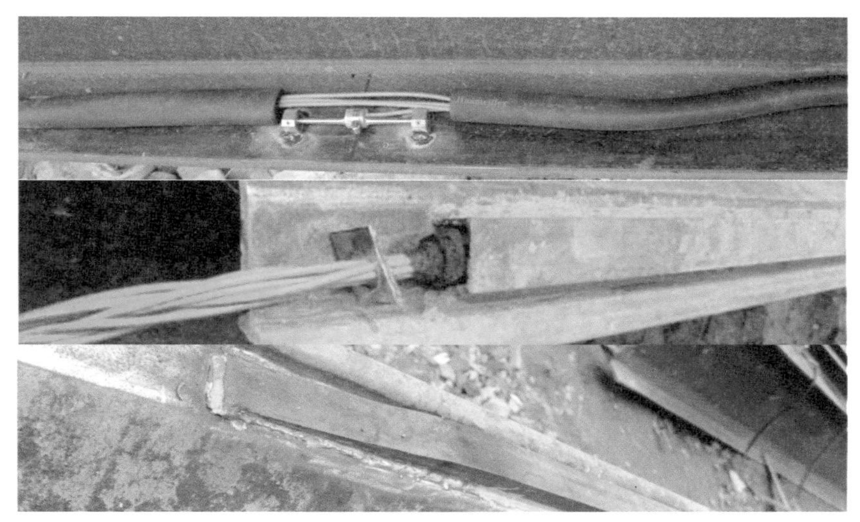

图 5-10 应变计安装示意顺序

当钢板桩监测出现异常或者变形累计值超过监测警控值时，必须立刻停止施工且须及时将情况报告给监理单位和设计单位，决定要不要采取紧急方案。

警控值标准：H+Hat组合型钢板桩桩顶水平位移超过 32mm，或者 3 天内的连续监测发现侧向位移速率超过 5mm/d，上述两种情况中的任一种情况出现时立即“报警”。基坑土体变形以及周边工程建筑沉降变形应根据相关规范和现场实际情况确定。

（4）应力数据处理

振弦式应变计（BGK-4000）可使用 BGK-408 型读数仪，如图 5-11 所示。

1）应变按照式（5-1）计算。

$$\mu\varepsilon(\text{微应变})=G\times C\times(R_1-R_0) \tag{5-1}$$

式中：G——仪器标准系数，$G=3.70$；

C——平均修正系数，$C=1.028391$；

R_1——当前读数；

R_0——初始读数。

2）应力按照式（5-2）计算。

$$\sigma=E\cdot\varepsilon \tag{5-2}$$

式中：σ——应力，kPa；

E——组合型钢板桩弹性模量，$E=3.10\times10^8$，kPa。

3）弯矩按照式（5-3）计算。

$$M=\sigma\cdot W_z \tag{5-3}$$

式中：M——弯矩，kN·m；

W_z——组合型钢板桩截面模量，根据表 2-3 取值。

(a) 振弦式应变计

(b) BGK-408 型读数仪

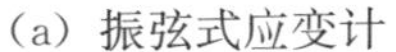

图 5-11　应变计及读数仪

5.2.2.4　H＋Hat组合型钢板压桩工法

本基坑工程项目采用静压沉桩技术，即利用静压机将H＋Hat组合型钢板桩顶进基坑土体。由于钢板桩桩顶下放，压桩时采用二次打入法。前桩压入至桩顶露出地面状态，后桩沿着前桩锁口压入至桩顶露出地面状态；利用送桩器压入前桩至预定桩顶下放深度；依次顺序逐根打入。需要注意的是，利用送桩器压入前桩至预定深度时，需进行两次压桩。第一次压桩时安装送桩器销钉，顺利压至预定深度后，拔桩至桩顶露出地面状态。卸下送桩器销钉后进行第二次压桩。如果未装销钉直接将前桩压入地面以下，遇到障碍，则桩既无法拔出也无法压入。拔桩顺序如图 5-12 所示。

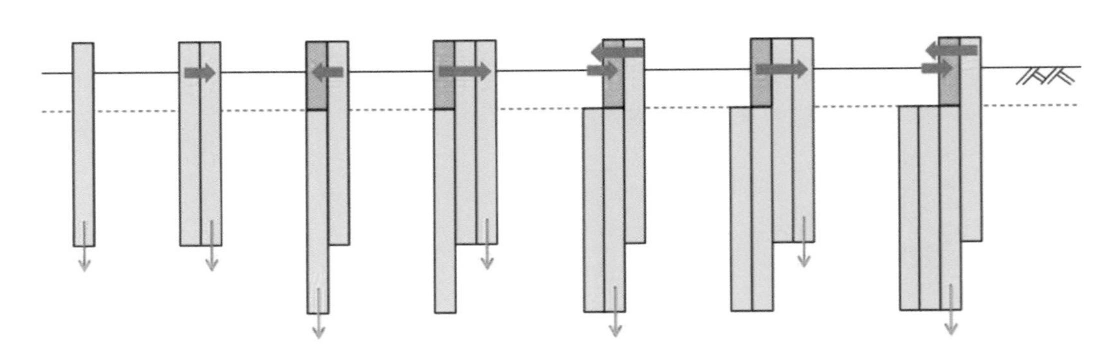

图 5-12　压桩工序示意图

5.2.3　现场试验成果及分析

5.2.3.1　压桩速度分析

根据钢板桩相关文献资料表明，组合钢板桩的平均沉桩速度 1～2min/m，以此速度计算，桩长 20m 的组合钢板桩，其沉桩时间可控制在 30min 之内。相比之下，传统的 20m 长钻孔灌注桩在完成成孔、洗孔、钢筋笼吊装、混凝土灌注等一系列工序后，耗费时间大约为 24h。

试验中对压桩深度和压桩时间进行了实时记录，并进行了曲线拟合，如图 5-13 所示。由图 5-13 可以看出，试验桩的平均压桩速度为 1.932m/min，桩长 19.5m，压桩时间约为 11min。如果计入压桩机具移动、千斤顶调整、送桩器安装等辅助时间，平均压桩时间为 25min/根，按此估算，每天（以 8h 计算）可施工钢板桩支护结构 17 延米，相对钻孔灌注桩、地下连续墙等传统支护结构，大大缩短了施工时间，在软土地区具有良好适用性。

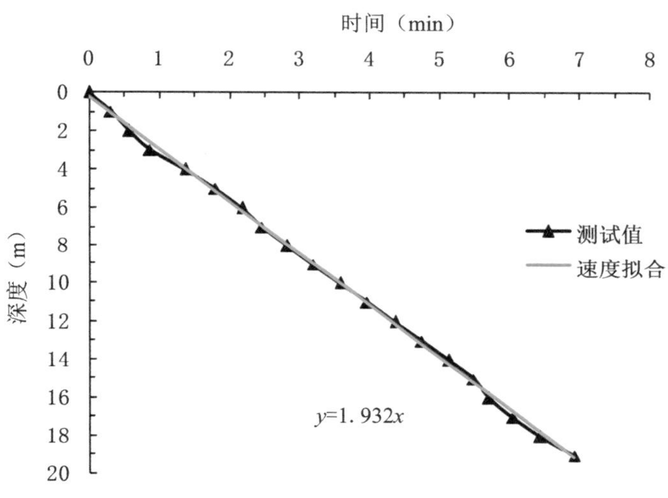

图 5-13　压桩深度随时间的变化曲线

5.2.3.2　压桩力分析

试验中对压桩力和压桩时间进行了实时记录，如表 5-4、图 5-5 和图 5-14 所示。

表 5-4　试验桩 1# 压桩力随深度变化数据

桩深（m）	打桩力（MPa）	桩深（m）	打桩力（MPa）
1	0.5	11	4.6
2	0.5	12	4.7～4.9
3	0.5	13	6—7
4	1	14	8
5	1.8	15	8.5
6	2.1	16	9.1～11.1
7	2.2	17	12
8	3～3.1	18	12.5～13.5
9	3.5～4	19	14
10	4.5		

由图 5-14可知，压桩力与深度呈正相关，最大压桩力约为 2400kN，而压桩机的最大设计压桩力为 3000kN，整个压桩过程较为顺利。

表 5-5 **试验桩 2# 压桩力随深度变化数据**

<table>
<tr><th>桩深（m）</th><th>打桩力（MPa）</th><th>桩深（m）</th><th>打桩力（MPa）</th></tr>
<tr><td>1</td><td>0.5</td><td>11</td><td>6.5</td></tr>
<tr><td>2</td><td>1</td><td>12</td><td>7.5</td></tr>
<tr><td>3</td><td>2</td><td>13</td><td>7.5～9</td></tr>
<tr><td>4</td><td>1.5</td><td>14</td><td>9.5～10.8</td></tr>
<tr><td>5</td><td>1.8</td><td>15</td><td>10.8～12.5</td></tr>
<tr><td>6</td><td>2～2.5</td><td>16</td><td>13～16</td></tr>
<tr><td>7</td><td>2.5～3</td><td>17</td><td>16～19.8</td></tr>
<tr><td>8</td><td>3～3.8</td><td>18</td><td>19.8～22</td></tr>
<tr><td>9</td><td>4</td><td>19</td><td>22</td></tr>
<tr><td>10</td><td>4～5</td><td></td><td></td></tr>
<tr><td colspan="2" rowspan="5">继续向地表以下打桩力记录结果</td><td colspan="2">21～23</td></tr>
<tr><td colspan="2">22～24.5</td></tr>
<tr><td colspan="2">23.5</td></tr>
<tr><td colspan="2">24～22</td></tr>
<tr><td colspan="2">23.5</td></tr>
</table>

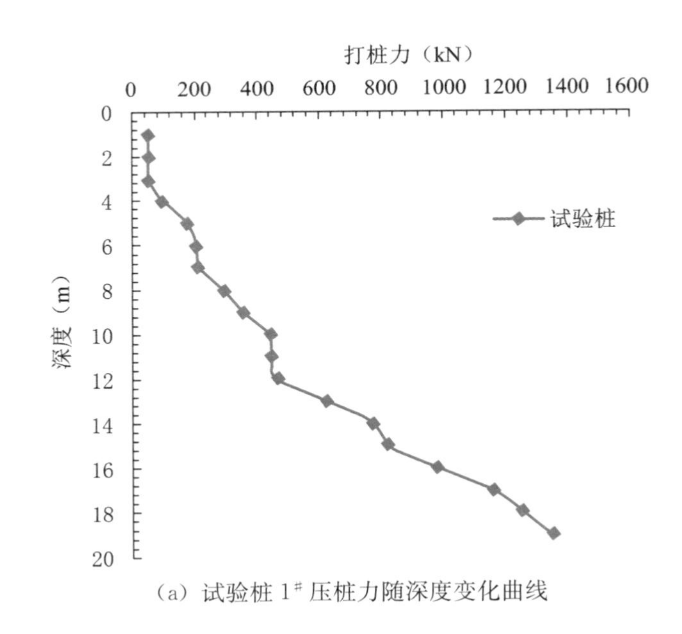

（a）试验桩 1# 压桩力随深度变化曲线

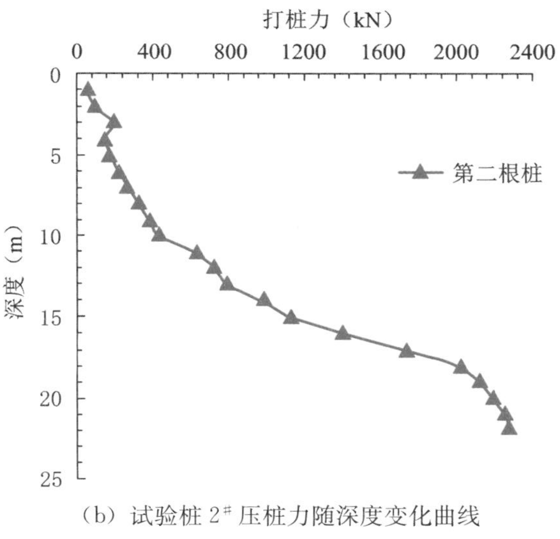

（b）试验桩2#压桩力随深度变化曲线

图 5-14　压桩力随深度变化曲线

5.2.3.3　桩身内力（弯矩）监测结果

桩身内力分析能够有效判断H+Hat组合型钢板桩支护结构的受力和安全状态，本试验通过对不同工况下的钢板桩桩身应变的监测，并利用应变数据推算出钢板桩桩身内力。通过对桩身内力的分析可以得出组合钢板桩支护结构的受力变化规律，同时利用内力实测值和计算值的对比可论证钢板桩设计理论及结构计算方法的准确性。

本试验中从右往左依次编号为YL1、YL2和YL3。依据试验周期并结合施工实际情况，确定试验工况如表5-6所示。按计划在5月15日连续读取3次且差异很小的模数，取3次模数值的平均数为初始模数R_0值，接着7月7日至11月6日，共完成11次监测读数。

表 5-6　试验工况表

工况	描述	日期	备注
1	施工钢板桩，桩顶标高−1.4m	5月15日	沉桩前读取R_0值
2	开挖基坑至−2.0m，在−2m处设置好第一道支撑	7月7日	后续在9月17日和9月22日进行监测
3	开挖基坑至−4.4m	10月9日	后续在10月11日监测
4	开挖基坑至−6.0m	10月13日	
5	开挖基坑至−10.6m	10月16日	后续在10月17日进行监测
6	开挖基坑至−12.6m	10月21日	后续在10月27日和11月6日进行监测

试验监测分析得到YL1、YL2、YL3监测点钢板桩桩身弯矩沿深度变化曲线如图5-15、图5-16、图5-17所示。

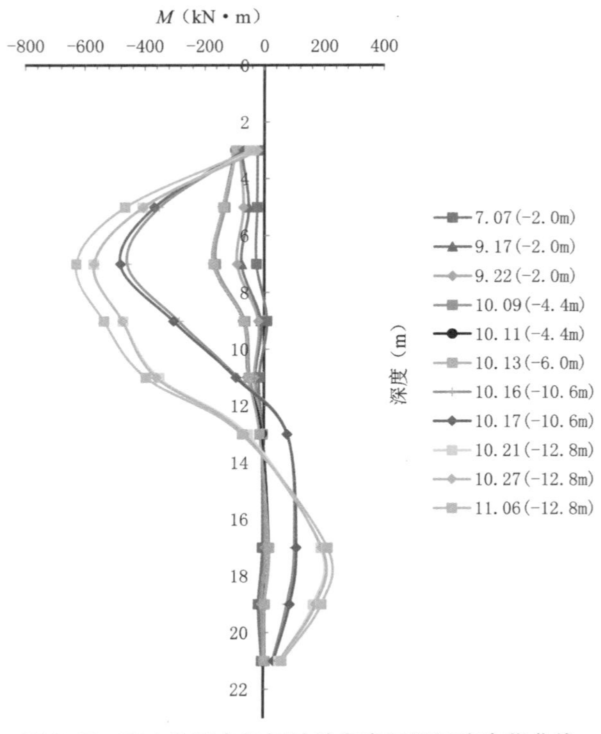

图 5-15　YL1 监测点钢板桩桩身弯矩沿深度变化曲线

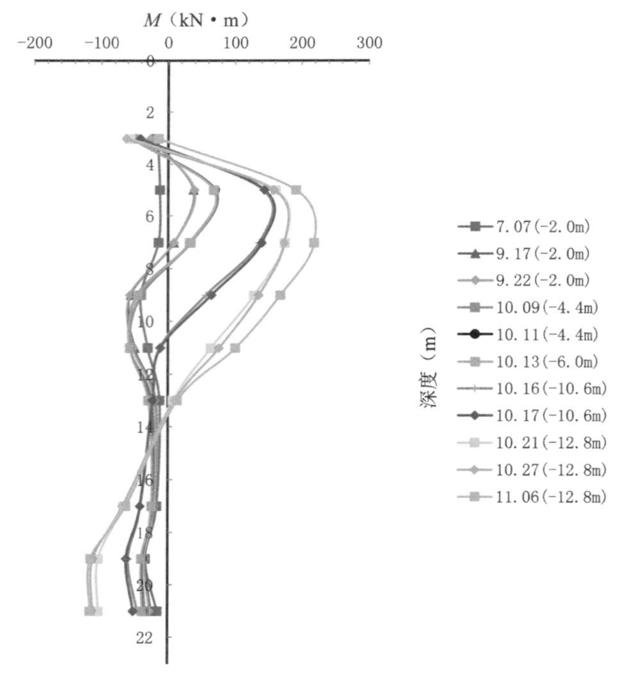

图 5-16　YL2 监测点钢板桩桩身弯矩沿深度变化曲线

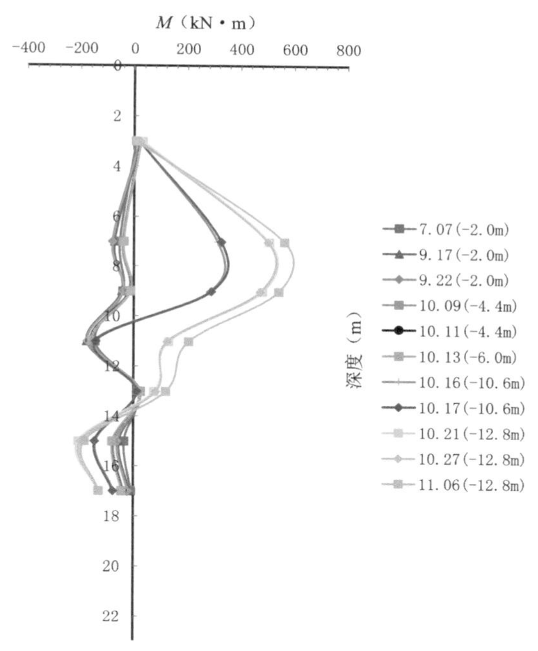

图 5-17 YL3 监测点钢板桩桩身弯矩沿深度变化曲线

（1）YL1 监测点

YL1 监测数据反映的是 H 型钢外侧翼缘的内力分布特征。由图 5-15 第一步开挖阶段（2014 年 7 月 7 日至 9 月 22 日），基坑开挖面（11.2m）以上区域出现负弯矩，开挖面以下区域弯矩很小，几乎为零。这是由于组合型钢板桩桩身上部（0.6m）有了钢筋混凝土横向支撑作用，相当于增加了弹性支撑，并且测试点均位于支撑点以下，钢板桩在基坑外侧主动土压力作用下产生负弯矩。由于开挖深度较小，基坑内侧开挖面以下的土体抗力很小，故开挖面以下桩身几乎不产生弯矩。

随着基坑开挖深度的增加（2014 年 10 月 9 日至 10 月 17 日），钢板桩弯矩曲线呈现出“S”状，在基坑开挖面至横向支撑面区间内，钢板桩背侧承受主动土压力的作用，桩身截面所产生的负弯矩随着基坑土体开挖深度的增加而变大；而在被动土压力区，钢板桩截面产生正弯矩，其值亦随着挖土深度的增大而增大。

第三步开挖阶段（2014 年 10 月 21 日至 11 月 6 日），最大负弯矩增加到－630kN·m，出现在桩身 5m 处；最大正弯矩增加到 220kN·m，出现在桩身 16m 处。在后续施工阶段，桩身弯矩值基本稳定，弯曲曲线仍保持“S”状。

由图 5-15 还可以发现，弯矩零点位置随基坑开挖深度增加而下降。当 10 月 16 日基坑开挖至－10.6m 时，弯矩零点出现在桩身 9.4m（即标高－10.8m）处；当 10 月 21 日基坑开挖至－12.6m 时，弯矩零点出现在桩身 11.2m（即标高－12.6m），并逐渐稳定下来。

（2）YL2 和 YL3 监测点

YL2 和 YL3 监测数据分别反映的是 H 型钢内侧翼缘的内力分布情况和 Hat 型钢板桩

翼缘的内力分布情况，YL2 和 YL3 监测点拉压情况与 YL1 监测点相反，因而弯矩正负情况也相反。

由图 5-16 可知，桩身弯矩呈反“S”状，随基坑开挖深度的增加，弯矩沿深度变化特征参见 YL1 内力监测成果分析。当基坑开挖至设计标高－12.6m 时，产生最大正弯矩 218kN·m，出现在桩顶以下 5m 处；最大负弯矩出现在桩顶以下 17m 处，值为 120kN·m。对比发现，YLI 监测点弯矩极值产生位置与 YL2 监测点一致。

YL3 监测数据反映的是 Hat 型钢板桩翼缘的内力分布情况。由图 5-17 可知，随着基坑开挖深度的增加，Hat 型桩桩身弯矩变化规律与 H 型钢内侧翼缘弯矩变化规律比较一致，但随着基坑开挖的完成，Hat 型钢板桩桩身产生最大正弯矩 564kN·m，也出现在桩顶以下 5m 处。对比 YL2 和 YL3 弯矩监测值发现，组合钢板桩临坑侧受拉区产生的最大弯矩值出现在 Hat 型桩翼缘桩顶以下 5m 处，证明 Hat 型桩刚度较强，具有良好的抗弯性能。

由图 5-18 所示，由 YL1、YL2 和 YL3 的弯矩实测值对比发现，组合钢板桩弯矩最大值出现在 H 型钢外侧翼缘，故选取 YL1 弯矩实测值与计算值对比分析。由图 5-19 可知，桩身弯矩计算值与实测弯矩相比，两种方法计算所得的弯矩值都稍大于试验测试值，但采用弹性抗力法计算的弯矩值与试验值比较相近。

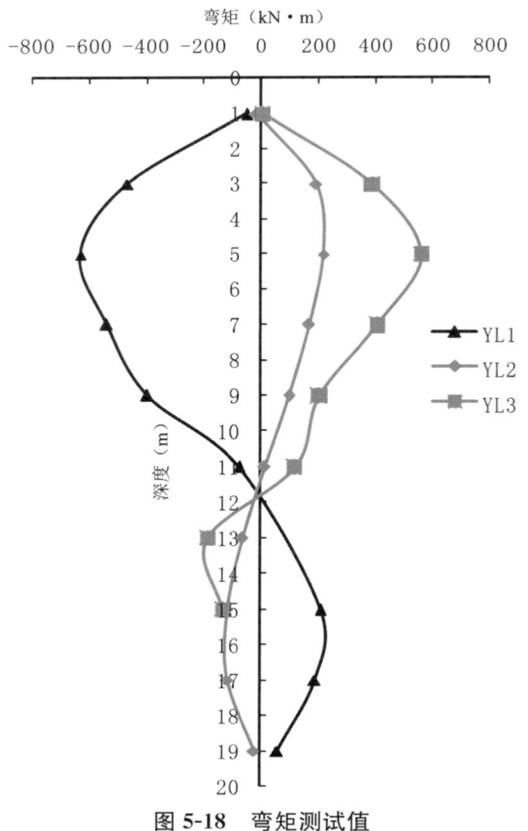

图 5-18 弯矩测试值

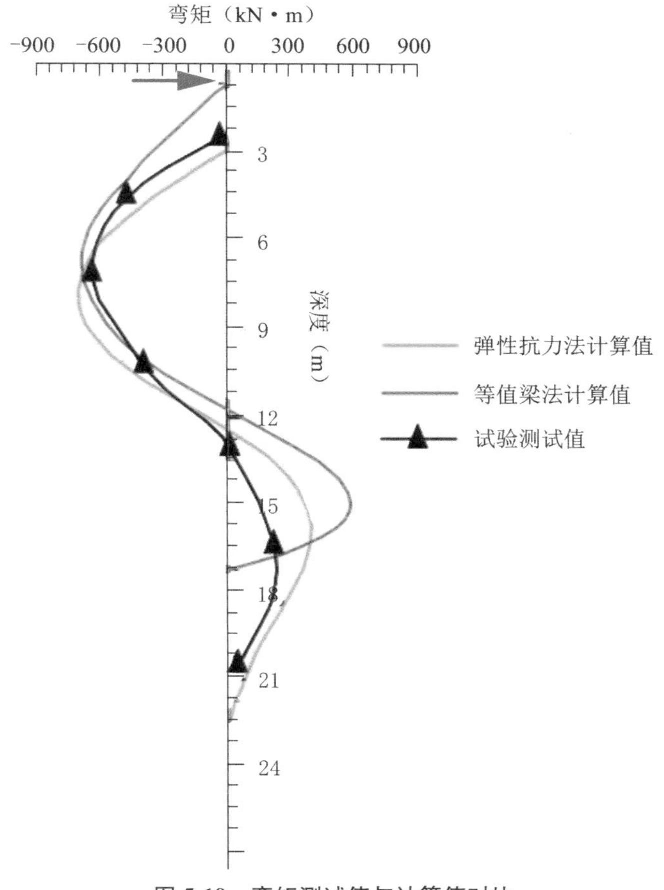

图 5-19 弯矩测试值与计算值对比

依据H+Hat组合型钢板桩截面弯矩试验值与计算值的对比结果，还可归纳出：

1）采用等值梁法计算时，被动区土体水平抗力值偏大，导致此区域钢板桩弯矩极值偏大；而弹性抗力法将弹性支撑点和被动区土体水平抗力简化为一系列具有刚度的土弹簧的做法，更接近实际受力情况。

2）对于 Hat 型+H 型组合型钢板桩支护结构内力计算，两种计算方法都是偏于安全的，不过采用弹性抗力法设计比等值梁法更为经济。

5.2.3.4 桩身测斜测试及结果分析

金牛基坑一期组合型钢板桩试验段共设置 3 个测斜监测点，其中 1# 、3# 测斜点的孔深为 25m，2# 测斜点的孔深为 15m。测斜孔的平面位置如图 5-20 所示。监测点的测斜曲线如图 5-21 至图 5-23 所示。

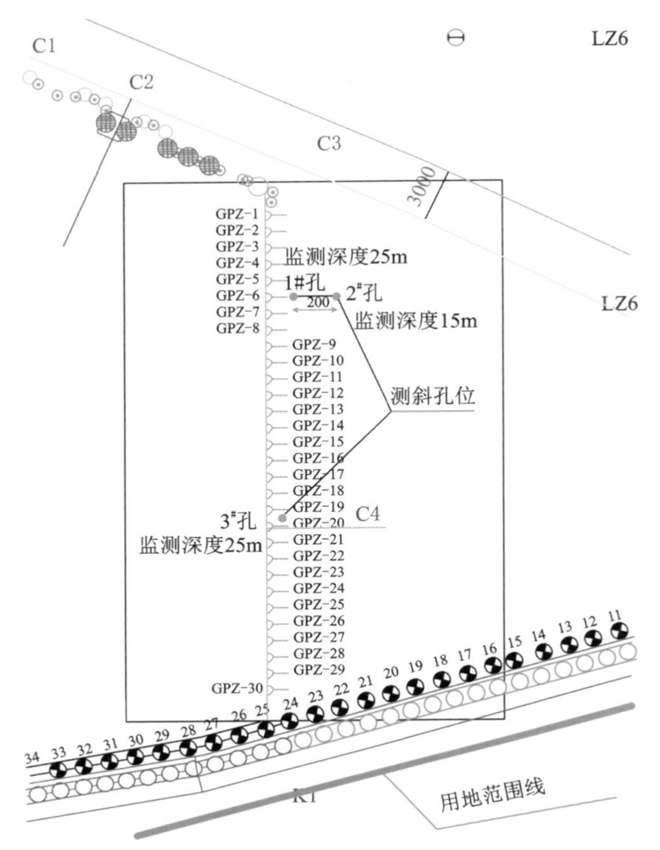

图 5-20　测斜孔平面布置图

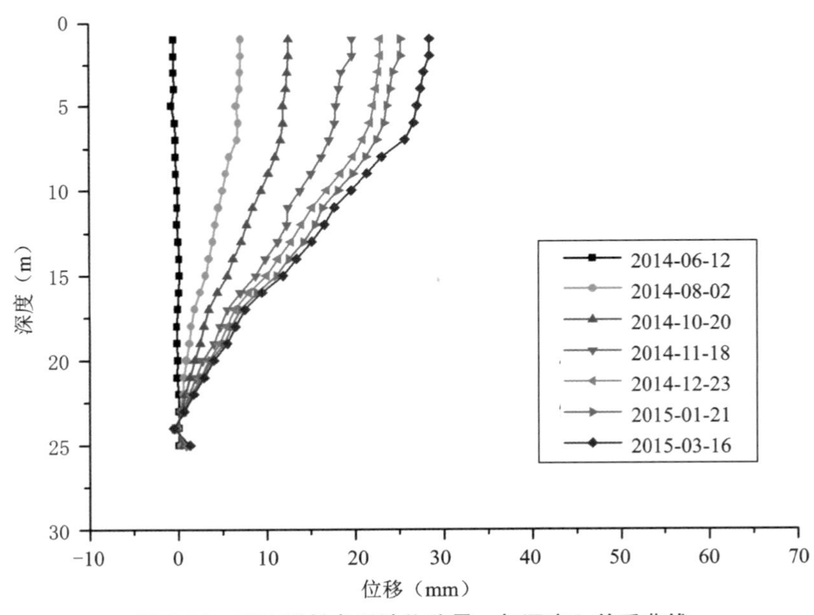

图 5-21　CX1 测斜点累计位移量 s 与深度 h 关系曲线

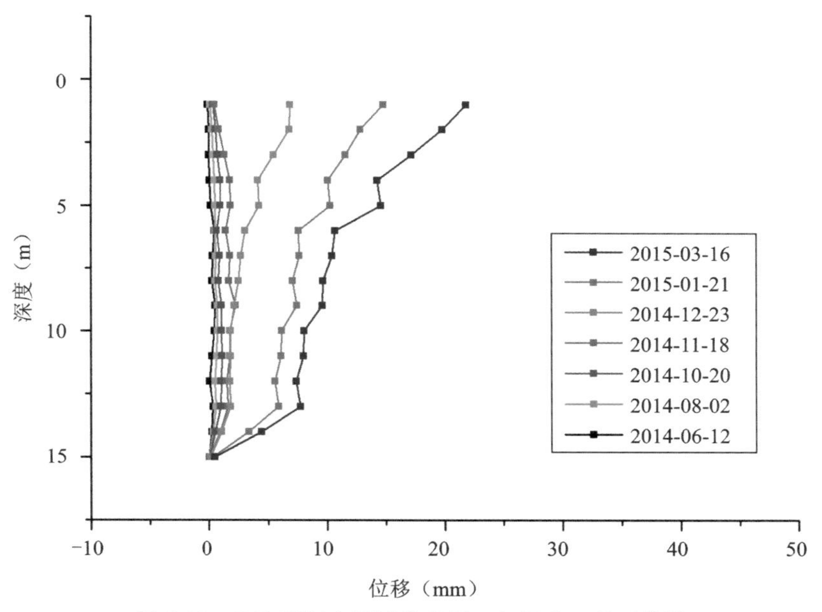

图 5-22　CX2 测斜点累计位移量 *s* 与深度 *h* 关系曲线

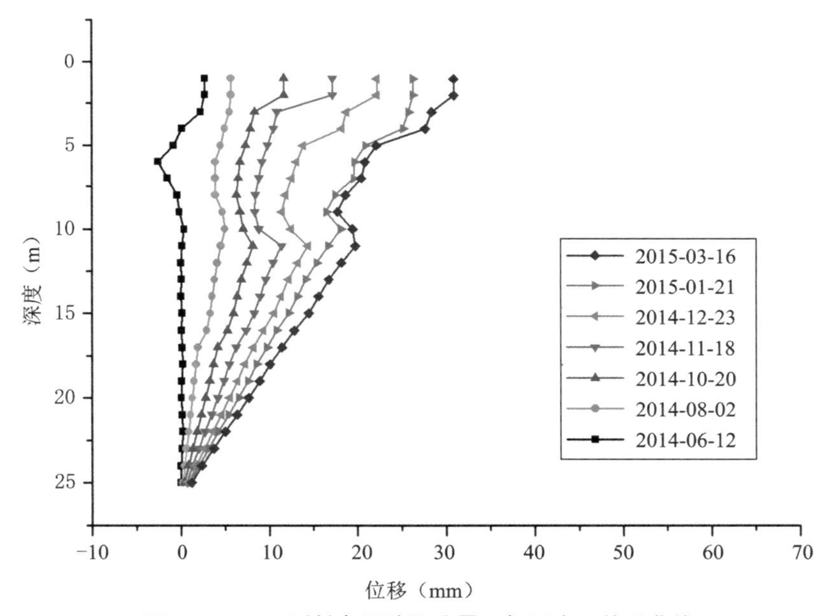

图 5-23　CX3 测斜点累计位移量 *s* 与深度 *h* 关系曲线

由图 5-21 至图 5-23 所示，CX1、CX2、CX3 最大位移在 30mm 之内，且位移均呈收敛趋势，满足《基坑工程技术规程》(DB 42/T 159—2012) 对一级基坑变形的要求，基坑开挖对周边环境的影响在可控范围之内。

5.2.3.5 止水性能分析

基坑开挖至坑底标高后，组合型钢板桩的止水情况如图5-24、图5-25所示。经统计，该段钢板桩共有4处渗水点，且均为从冠梁底部与钢板桩连接处渗出，锁口咬合处未发现渗水迹象。经排查，由于H型钢比Hat型钢高1.5m，冠梁施工时，Hat型钢未完全进入冠梁（即Hat型钢板桩桩顶标高位于冠梁底垫层以下），致使浅层的潜水经冠梁底部与Hat型钢的缝隙处渗出。现有渗水点属于施工措施问题，可在后续工程中避免非组合型钢板桩的固有缺陷，组合型钢板桩锁口的止水能力可以满足实际工程的要求。

图5-24 组合型钢板桩止水情况

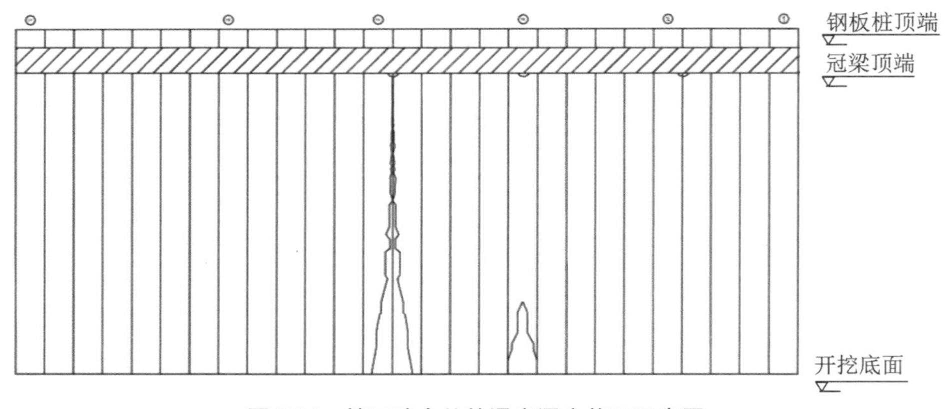

图5-25 锁口咬合处的浸出漏水状况示意图

组合型钢板桩与相邻采用止水帷幕的灌注桩的止水效果对比如图5-26所示，灌注桩侧虽未有明显水流，但是有桩表面潮湿，有渗水显现，坑底处有明显积水。与之相邻的组合型钢板桩表面干燥，锁口止水效果较好。

图 5-26 组合型钢板桩与相邻采用止水帷幕的灌注桩的止水效果对比

5.3 武汉凯景国际大厦深基坑支护工程

5.3.1 工程概况

武汉凯立物业有限公司拟在汉口古田二路西侧兴建凯景国际大厦。该项目包括 1 栋 21 层写字楼（附 4 层裙楼）、1 栋 2～3 层会所及 2 层连体地下室；总建筑面积约 10 万 m^2，其中写字楼 21 层，建筑面积 62000m^2，高 76.2m；会所 2～3 层，建筑面积 2000m^2，高 15.0m。拟建建筑物均为框剪结构，建筑荷载按 15kN/m^2计算，基础埋深为 13.0m；本场地室外整平标高 25.00m，拟采用桩基础。根据《岩土工程勘察规范》（GB 50021—2001）规定，本工程重要性等级为二级，场地等级为二级，地基等级为二级，故本工程勘察等级为乙级。拟建基坑工程重要性等级可定为一级。

拟建基坑埋深约为 10.0m，基坑平面尺寸长×宽约为 160m×85m，基坑东侧距古田二路约 30m，西侧距丰逸路约 11m，东侧距已有 7 层住宅约 12m，基坑南侧比较空旷。场地内无地下管线分布。

（1）场区位置及地形地貌

勘察场地位于汉口古田二路西侧，古田二路、南泥湾大道与丰逸路交会地段，场地内旧有建筑已全部拆除，部分低洼地经堆填大量建筑垃圾整平，场地标高为 24.80～25.30m，地势较为平坦，地貌上属长江 I 级阶地，如图 5-27 所示。

图 5-27　凯景国际大厦基坑工程场地

（2）场地岩土的构成与特征

本场地在勘探深度 60m 范围内所分布的地层除表层分布有（1）杂填土（Q^{ml}）外，其下为第四系全新统冲积成因的黏性土和砂土（Q_4^{al}）。下伏基岩为志留系（S_{2f}）泥岩，各岩土层的分布埋藏情况及主要特征如表 5-7 所示。

表 5-7　　　　各岩土层的分布埋藏情况及主要特征一览表

层号及名称	地层年代及成因	分布范围	层面埋深（m）	地层一般厚度（m）	颜色	状态及密度	压缩性	包含物及其他特征
（1）杂填土	Q^{ml}	全场地	0	0.5～6.2	杂	松散		由建筑垃圾混凝土块、碎石、砖块混黏性土组成
（1-2）淤泥	Q_4^{l}	局部分布	2.0～5.8	0.7～4.4	灰黑	流塑	高	含有机物，具有腥臭味
（2-1）粉质黏土	Q_4^{al}	全场地	0.5～6.0	0.8～7.0	褐黄—褐灰色	软—流塑	高	含氧化铁、铁锰结核，切面较光滑
（2-2）黏土		全场地	0.7～9.1	1.4～6.0	褐黄	可塑	中	含氧化铁、铁锰质，切面较光滑
（3-1）淤泥质粉质黏土		全场地	4.8～11.5	0.8～13.6	褐灰—灰	软—流塑	高	含有机质、腐蚀质，有臭味。偶夹少量粉土薄层
（3-2）粉质黏土夹粉土、粉砂		全场地	10.0～23.0	5.5～13.3	褐灰	软—流塑	高	含氧化铁、云母片夹薄层状的粉土、粉砂，单层厚10～20cm
（3-3）粉砂夹粉质黏土、粉土		全场地	26.0～32.2	6.3～17.0	褐灰—灰	稍密	中	含氧化铁、云母片，夹薄层粉质黏土、粉土，呈千层饼状，局部富集
（4-2）细砂		全场地	33.6～45.5	2.5～12.3	灰色	中密	低	含长石、石英、云母片，底部夹有少量角砾，粒径0.1～2cm

续表

层号及名称	地层年代及成因	分布范围	层面埋深（m）	地层一般厚度（m）	颜色	状态及密度	压缩性	包含物及其他特征
（4-3）中粗砂夹砾卵石	Q_4^{al}	全场地	44.5～49.2	1.1～5.1	灰色	中密—密实	低	含长石、石英、云母片，砾卵石含量约30%，卵石粒径3～6cm，成分以石英砂岩为主，多呈次棱角状
（5-1）强风化泥岩	S_{2f}	全场地	49.0～51.8	1.2～3.3	黄灰—棕红色			岩芯风化呈土状，手可捏碎，泥质胶结，局部夹少量中风化碎块。属极软岩，岩体极破碎，基本质量等级为Ⅴ级
（5-2）中风化泥岩		全场地	51.0～53.7	最大揭露厚度8.6	黄灰—棕红色			岩芯呈短柱状及块状，节理裂隙较发育，易破碎，取芯率75%～85%，RQD一般为70%～75%。属极软岩，岩体较破碎，基本质量等级为Ⅴ级

基坑开挖深度范围内周边土层为：（1-1）杂填土层，该层土土质不均匀，结构松散，工程性能差；（1-2）淤泥，呈流塑状态，在基坑南侧分布，稳定性差；（2-1）粉质黏土层，软—流塑状态；（2-2）黏土层，为可塑状态，强度较低，工程性能一般；（3-1）淤泥质粉质黏土层，为软—流塑状态，强度低，工程性能差，夹有粉土薄层；基坑底坐落在（3-1）层中。综上所述，基坑影响范围内的土层较软弱，承压水位埋深较浅，拟建基坑工程重要性等级可定为一级。

（3）水文地质条件

勘察期间各钻孔中均见有地下水，拟建场地地下水大致可分为两层。场地上部地下水主要为赋存于（1）层杂填土中的上层滞水，主要受大气降水、生活排放水等补给，一般无统一自由水位，其水位、水量随季节而变化；下部地下水主要为赋存于（3-2）层、（3-3）层、（4）层中的承压水，与长江水体有水力联系，其水位变化受长江水位变化影响，水量丰富。勘察期间测得场地上层滞水稳定水位埋深0.9～1.6m，其对应标高23.6～24.5m；B3#孔的承压水头埋深为7.0m，其标高为18.0m，承压水位标高一般为16.0～20.0m，年变幅为3～4m。

拟建场地周边无污染源存在，依据武汉市有关规定，结合区域水文地质经验，判定场地地下水对混凝土及混凝土中的钢筋具微腐蚀性，可不考虑土的腐蚀性问题。

（4）岩土力学参数

基坑设计参数如表5-8所示。

表 5-8　　　　基坑设计参数

土层名称	天然重度 γ（kN/m^3）	土工试验		地方经验值		综合建议值	
		C（kPa）	φ（°）	C（kPa）	φ（°）	C（kPa）	φ（°）
(1-1) 杂填土	18.5			10.0	18.0	10	18.0
(1-2) 淤泥	14.7			12	5.0	12	5.0
(2-1) 粉质黏土	17.3	17.4	7.3	15.5	7.5	15.0	7.5
(2-2) 粉质黏土	17.2	25.1	9.3	20.3	11.6	20.3	9.0
(3-1) 淤泥质粉质黏土	17.1	17.6	7.4	15.5	7.5	15.5	7.0
(3-2) 粉质黏土夹粉土、粉砂	17.2	17.4	7.2	19.0	11.0	17.0	11.0
(3-3) 粉砂夹粉质黏土、粉土	17.8			11.0	25.0	11.0	25.0
(4-2) 细砂	20.0			0	30.0	0	30.0

5.3.2　方案设计

(1) H＋Hat组合型钢板桩支护结构设计

由于钢板桩自身具有良好的防水性能，在采用钢板桩进行基坑支护时，不需要再采用竖向隔渗和降水等措施。本基坑试验段支护方案采用H＋Hat组合型钢板桩替换了原有的基坑桩撑支护结构。基坑总深度为10.0m，H＋Hat组合型钢板桩支护结构长19m，坑顶采用放坡开挖，放坡开挖深度2.0m，放坡坡比1∶0.5。支撑采用原有基坑支护结构的支撑体系，共布置一排支撑，支撑体系布置于桩顶以下1.0m处，位于基坑顶部以下3.0m。组合型钢板桩支护结构呈直线布置，长度为46.8m，共布置52根组合型钢板桩，其布置如图5-28所示。

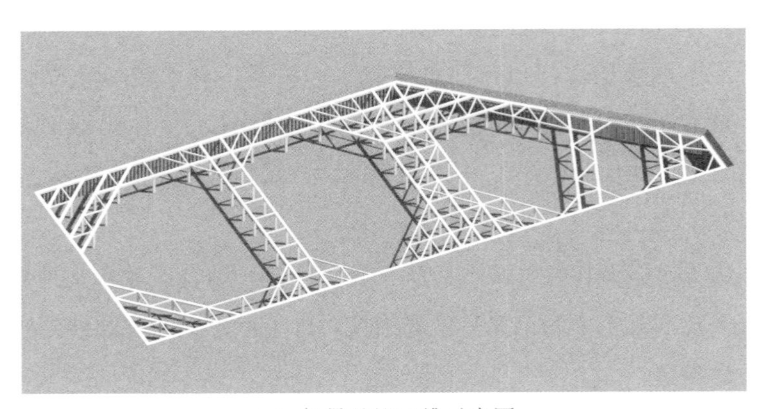

(a) 凯景基坑三维示意图

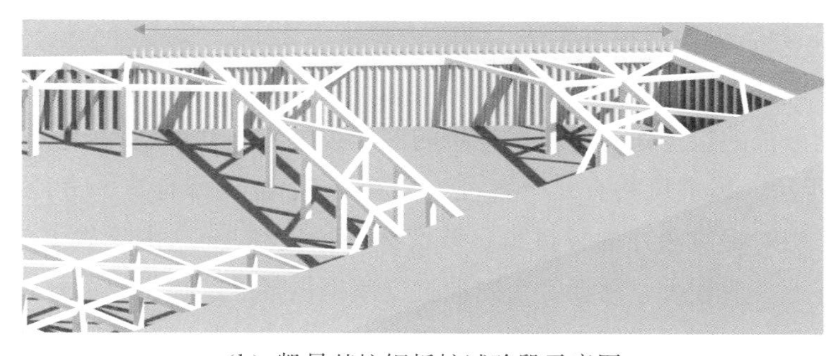

（b）凯景基坑钢板桩试验段示意图

图 5-28 组合型钢板桩支护结构布置图

支护结构钢板桩采用日本 NSP-10H 型钢板桩，配合 900×300（900×300×16×28）型 H 型钢形成H＋Hat组合型钢板桩，组合型钢板桩截面模量 $w=13954\mathrm{cm}^3/\mathrm{m}$，每延米截面模量弯曲容许应力［$f$］＝185MPa，剖面布置如图 5-29 所示。

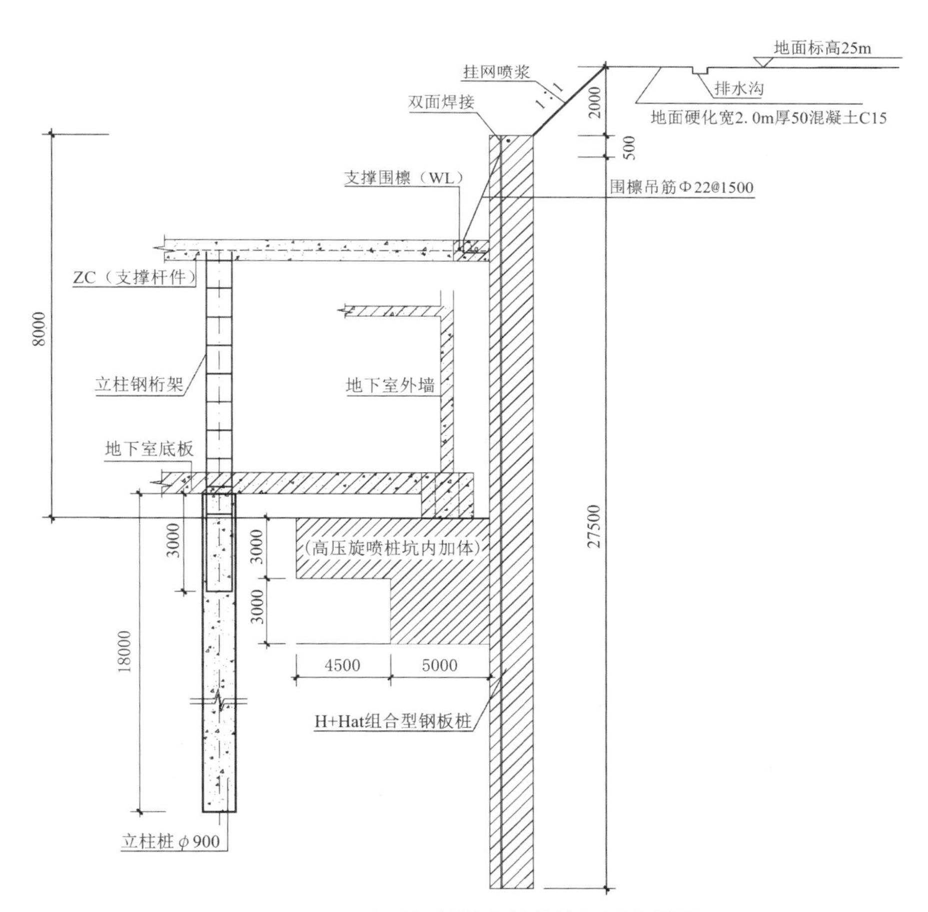

图 5-29 组合型钢板桩支护结构剖面布置图

（2）H＋Hat组合型钢板拔桩工法

由于液压静力压桩机的自重较大，拔桩作业时其较大的自重可能危及基坑安全，因此亦针对组合型钢板桩的拔桩作业研发了专用的液压拔桩机，其体型和自重较小，拔桩速度快，如图 5-30 所示。拔桩机共有 4 个直径为 250mm 油缸，另有 2 个直径 220mm 副油缸支座，供初始拔桩时提供额外的拔桩力。单次拔桩行程约 1m。由于软土与钢板桩的黏结作用，初始拔桩力一般较大，需要 2 个副油缸支座提供额外的拔桩反力。1～2 个拔桩行程后，即可移除副油缸支座。拔桩工作进入后期时，会有一些钢板桩两侧锁口并无搭接，这种钢板桩的拔桩力较小，一般可以直接起拔，不需要副油缸支座。

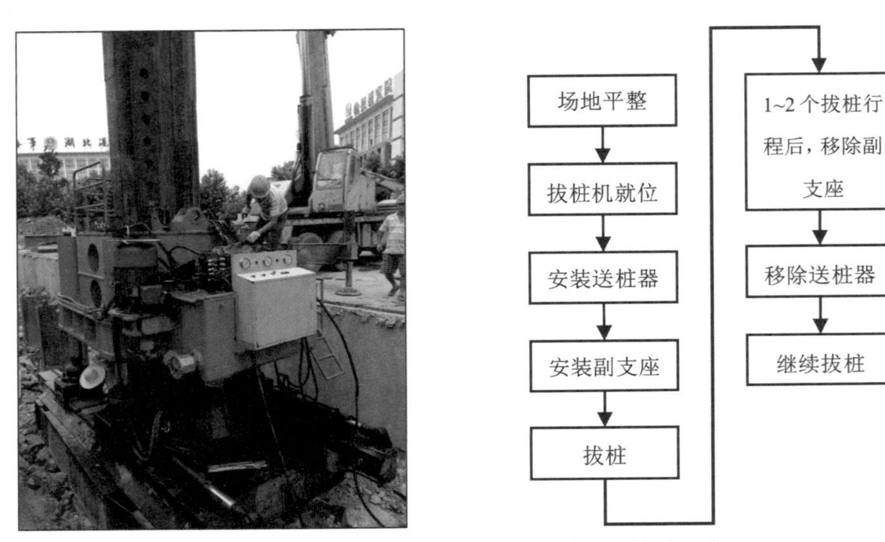

图 5-30　H＋Hat型组合型钢板桩拔桩机及拔桩工序

初始拔桩时，由于拔桩力较大，夹具对送桩器的夹持易出现“打滑”。配合送桩器上的助力销孔和销钉，以及特制的安放于夹具顶部的支座，即可有效避免这种情况，如图 5-31所示。

（a）初始拔桩时采用的助力副油缸支座

（b）拔桩机的夹具

（c）拔桩器

（d）拔桩器上的助力销孔和销钉

图 5-31 组合型钢板桩拔桩机及配件

拔桩机工作流程如图 5-32 所示，拔桩至桩长还有 3m 时，可用吊车直接起吊。

（a）工序 1：场地平整，地基处理

（b）工序 2：吊装拔桩机

（c）工序 3：吊装拔桩器

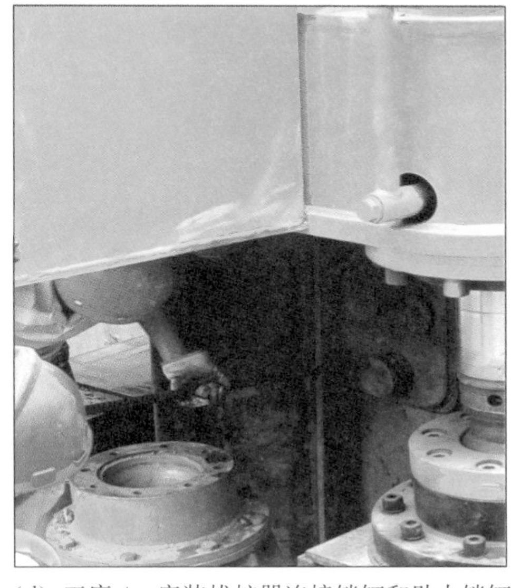

（d）工序 4：安装拔桩器连接销钉和助力销钉

（e）工序 5：安装副油缸支座

（f）工序 6：利用拔桩器，开始拔桩

（g）工序 7：调离拔桩器，继续拔桩

（h）工序 8：最后 3m 时，吊车起吊，吊离钢板桩

图 5-32　拔桩机工作流程图

5.3.3 现场试验成果及分析

5.3.3.1 拔桩力分析

由拔桩机油缸读数可以换算得到拔桩力，计算公式如式（5-4）、式（5-5）所示。

$$T=(4\times A\times P-D_W)/9.8 \qquad \text{（无副油缸时）} \qquad (5\text{-}4)$$

$$T=(4\times A\times P+2\times A'\times P'-D_W)/9.8 \qquad \text{（有副油缸时）} \qquad (5\text{-}5)$$

式中：T ——总拔桩力，kN；

A ——主油缸截面积，m^2；

A' ——副油缸截面积，m^2；

P ——主油缸压力，kPa；

P' ——副油缸压力，kPa；

D_W ——拔桩机自重，取 250kN。

由图 5-33 可知，拔桩力初始拔桩力最大，接近 5000kN，在最初的一个拔桩行程之后快速较小。两侧锁口有搭接的钢板桩的拔桩力大于两侧无锁口的钢板桩的拔桩力。为了解决初始拔桩力较大的问题，可通过加装副油缸支座提供额外的拔桩力，通过拔桩器的销钉和反力支座防止夹具“打滑”。

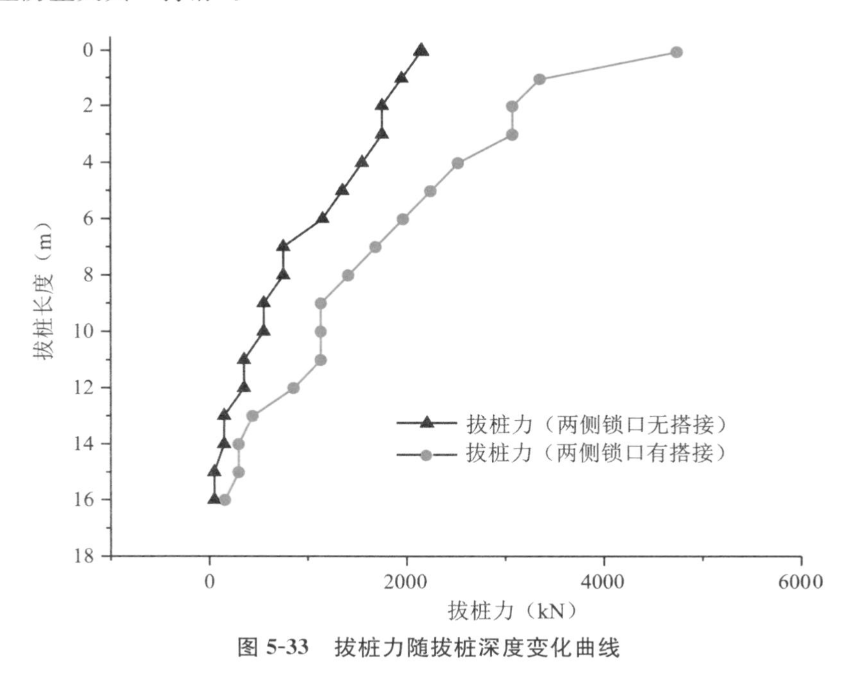

图 5-33 拔桩力随拔桩深度变化曲线

5.3.3.2 周边环境沉降监测分析

监测点平面位置分布如图 5-34 至图 5-36 所示。拔桩机就位调整完毕，开始拔桩前设置监测点并利用经纬仪监测初始状态数据，拔桩完毕后再次监测位移数据。根据两次监测结果对比即可评估拔桩对环境的影响。

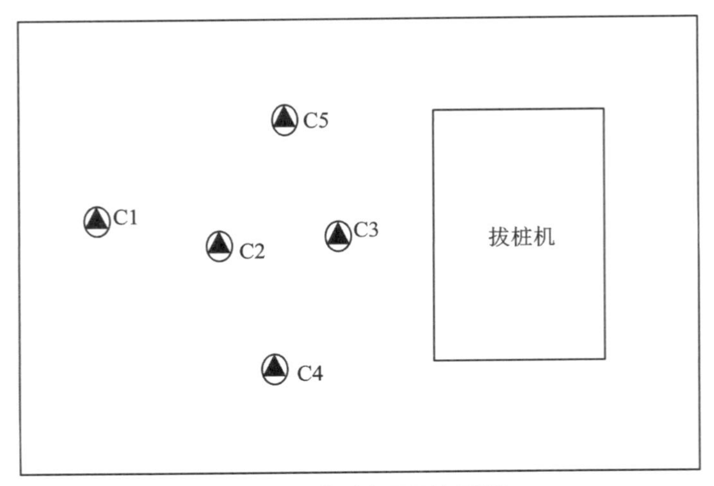

图 5-34　监测点平面布置图

图 5-35　监测点平面布置图（C1 点）

图 5-36　监测点平面布置图（C2～C5 点）

沉降监测结果如表 5-9 所示。

表 5-9　沉降监测结果

测点	拔桩前高程（m）	拔桩后高程（m）	沉降（m）	备注
C1	99.929	99.93	−0.001	坡顶（围墙墙角）
C2	98.944	98.941	0.003	坡中
C3	98.283	98.275	0.008	坡脚（距桩 1.5m）
C4	98.466	98.463	0.003	
C5	98.321	98.320	0.001	

由表5-9可知，拔桩最大沉降处位于C3测点，最大沉降为8mm。地基较软，施工人员处理地基时，一般先挖除部分淤泥，回填杂填土，铺设钢板后继续回填杂填土。由于钢板的存在，此时在拔桩机附近设置的监测点C3、C4和C5位于钢板之上，大部分沉降被钢板过滤掉，故测出的沉降数据偏小。

在拔桩过程中表层土体与地下室外墙之间出现约6cm宽缝隙，拔桩机周围也出现了贯通的裂缝，可认为拔桩过程中表层土体发生了朝向拔桩机的水平移动，如图5-37、图5-38所示。现场的位移监测点没有反映出水平向的移动，说明该水平向移动仅发生在浅层（监测钢筋长度为1.5m）。

图5-37 表层土体与地下室外墙之间的缝隙（6cm）

图5-38 表层土体出现裂缝（1～2cm）

5.3.3.3 拔桩带土量分析

拔桩时拔桩带土量影响到拔桩对周边环境的影响。在正常情况下，仅H型钢侧壁附带少量黏性土，基本可忽略带土对周边环境的影响，如图5-39所示。在特殊情况下，由于钢板桩在压桩时已经扭曲变形，拔桩时会“裹挟”大量桩侧土。

图5-39 拔桩带土量

5.3.3.4 设计、施工措施优化

（1）桩顶部应留于地面，以方便压桩、拔桩

按照现行设计方案，由于考虑到桩顶放坡 2m，压桩时利用送桩器把桩顶压入地面以下 2m，有两大不妥之处，阐述如下：

现行方案的钢板桩桩顶沉入地面下 2m，其上 2m“硬壳层”被挖除，拔桩时拔桩机底部若直接与软土接触，无法提供拔桩机所需的地基承载力，造成拔桩机下陷、倾斜，必须先进行相应的地基处理。或把钢制底座置于相邻的未拔桩桩顶，或挖除淤泥后，铺设碎石块、黏土和钢板，费时费力，工期和经济成本巨大。

在压桩过程中可能发生锁口锁死，从而带动相邻桩同步向下沉桩，造成压桩力异常增大，压桩困难，严重时造成桩身变形扭曲。如果设计时桩顶部留于地面，操作压桩机的工人可以及时发现锁口锁死时相邻桩的异动，从而通过上下移动桩身等措施及时排除故障，保证后续沉桩的顺利进行。

如果桩顶部留于地面，可以方便拔桩工作。此时仍可以进行基坑上部的放坡，基坑内地下室完工后，回填压实后可在地面处铺设钢板，放置拔桩机。如果没有基坑上部的放坡，则还可以充分利用地层上部 2～3m 的“硬壳层”，提高了拔桩机可用的地基承载力。由于拔桩工作在地面进行，可以极大地方便拔桩机的安置和施工人员的上下操作，从而提高效率。

（2）配备行走支架，加快拔桩机行走速度

不同于配备长短船型履靴的压桩机，拔桩机仅配备了长船型履靴，可以在一定范围内微调上部桩机的位置，便于夹具与拔桩器和钢板桩的对接。但无法自主行走，需要借助吊车移动桩机。以现场采用的 50t 汽车吊为例，最大起重力矩 1750kN·m，由于拔桩机重达 25t，无法一次起吊，需要拆除夹具和拔桩机主体的油管等连接装置后，分别起吊夹具和拔桩机主体，整个过程费工费时。整个工序可分为：拔桩完成→拆除油管→分别吊装→地基处理→分别吊装→安装油管→吊装并安装送桩器→开始拔桩，开始拔桩前的准备工作耗时长达 3～5 个小时。

在拔桩机上加装 4 个行走支架后，可以利用支架支撑机器自重，提升桩机使长船脱离地面并水平移动，从而可以实现拔桩机的自主行走，如图 4-40 所示。由于无需拆除夹具与桩机的油管并分别吊装，缩短了拔桩的准备时间。利用自适应行走支架移动桩机时，应对地基做必要的处理并铺设钢板。安装行走支架前的拔桩速度为 1～2 根桩/天，安装行走支架后的拔桩速度为 5 根桩/天。

图 5-40 后期加装的行走支架

（3）拔桩机地基处理措施

拔桩机对于地基承载力有一定的要求。在本项目中，由于桩顶下放的缘故，表层的“硬壳层”被挖除，深厚的软土无法满足拔桩机承载力的要求，必须进行相应的地基处理。施工中采用的措施主要有：在钢板桩顶部加焊加劲钢板后，覆盖矩形钢板盖板，利用相邻桩的承载力平衡拔桩机的拔桩反力，或者挖除软土换填好土并铺设钢板，如 5-41 所示。为了保证拔桩机的稳定性，需要把拔桩机置于钢制底座，提高拔桩机长船受力的均匀性。如果地基均匀性和承载力较好，可以直接铺设长条形钢板，供拔桩机行走。

（a）顶部焊接加劲肋

（b）特制的钢制底座

（c）桩顶覆盖矩形钢板盖板

（d）挖土换填，铺设长条形钢板

图 5-41　拔桩地基处理措施

5.3.3.5　事故桩的处理

在压桩过程中，桩身垂直度、桩身翘曲、弯曲、地下障碍物等，导致钢板桩与相邻已经打入桩的锁口锁死，压桩力异常增大。遇见这种情况时，若强行压入，会导致桩身扭曲变形，无法压入预定深度，并给拔桩带来困难。下面以一根已经扭曲变形的高桩为例（即无法打入设计深度，桩顶高于相邻桩的钢板桩），介绍此类长桩的拔桩过程，如图 5-42 所示。

拔桩器上分布的销孔配合特制的助力支座可以起到防止初始拔桩时，拔桩力过大，夹具“打滑”的作用。对于长桩，桩顶较高，安装拔桩器后，即使用最下部的销孔，助力支座与夹具顶部仍有空隙，因此必须对拔桩器进行改进，焊接加长的支座，通过垫块与夹具顶部有效接触，改善夹具与拔桩器之间夹持力不够而“打滑”的现象。

初始拔桩时，拔桩力较大，大于 5000kN。桩拔出约 12m 后，变形严重，无法通过夹具，于是对桩进行切割，直接用吊车吊离下半部桩。由于桩扭曲变形，相比正常的钢板桩，变形的钢板桩拔桩带土量偏大。拔出后在桩位处遗留一个较大的土洞。由于拔桩力较大，拔桩器损坏变形严重，必须返厂维修。拔出后的上半部分钢板桩，由于变形严重，已经无法重复使用。

（a）高桩

（b）拔桩器焊接加长支座

（c）桩扭曲变形严重无法通过夹具

（d）切割后，吊车吊离下半部桩

（e）拔桩带土量较大

（f）桩拔出后遗留的土洞

(g) 送桩器加焊的支座变形

(h) 送桩器变形

(i) 扭曲的销钉

(j) 扭曲变形的钢板桩

图 5-42　事故桩的处理流程

6 结 论

随着我国经济建设的持续发展，钢板桩以其尺寸规范、性能稳定、质量好、止水性好、耐久性强、可重复利用等优势在各类基坑工程中得到广泛应用，H＋Hat组合型钢板桩以其刚度大、施工速度快、施工工艺简单和可重复利用的特点，在基坑工程的应用中具有较大的优势。以武汉金牛大厦及凯景国际大厦组合型钢板桩试验段的现场试验为背景，分别从H＋Hat组合型钢板桩在建筑基坑工程中的适用性、压桩设备研发及配套工法、工程应用案例等方面进行了深入研究，取得了一系列成果为后续钢板桩在基坑工程中的应用提供了重要的工程参考。

1）H＋Hat组合型钢板桩的刚度可以灵活配置，满足城市基坑工程对周边环境保护较高的要求。H＋Hat组合型钢板桩采用大尺寸的热轧宽幅 Hat 型钢板桩和具有丰富规格的H 型钢焊接组合，其截面模量可达 2400～19800cm^3/m（国产 U 型钢板桩的截面模量为529～3820cm^3/m），其抗弯刚度较普通钢板桩有较大的提高，支护结构的变形更小。H＋Hat组合型钢板桩的刚度可以灵活配置，设计时根据其截面模量，利用国内常用的弹性支点法进行支护结构设计，设计方法和设计软件成熟可靠，利于工程推广使用。

2）H＋Hat组合型钢板桩构造简单，施工便利，不需要养护时间，不产生泥浆污染。与常用的分开布置、分别施工、施工工艺复杂的 CAZ 组合型钢板桩、HZ/AZ 组合型钢板桩相比，H＋Hat组合型钢板桩采用热轧宽幅 Hat 型钢板桩和 H 型钢桩通过焊接组合，避免了复杂的锁口连接，构造形式比较简单，因而施工便捷，质量容易保证。与混凝土灌注桩相比，其成孔过程中不用泥浆护壁，不产生废弃泥浆污染，无需混凝土养护，节省工期优势明显。

3）H＋Hat组合型钢板桩工程经济性好。在重复使用两次的情况下工程投资与桩撑支护方案基本相当，在使用 3 次及以上的情况下可显示出一定的优越性。由于近年国内钢价走低，其工程经济性优势愈加明显。相比 HZ/AZ、CAZ 等全部国外进口、价格昂贵的组合型钢板桩，H＋Hat组合型钢板桩采用国产 H 型钢和进口 Hat 型钢板桩进行组合，提高了国产化率，从而降低了成本，经济性能好。不需要混凝土养护时间，节省工期，间接提高了工程经济性。

4）H＋Hat组合型钢板桩具有结构自防水功能。H＋Hat组合型钢板桩之间通过锁口连接，锁口具有足够的强度承受水土压力荷载产生的锁口拉力，自身具备较好的防水效果，不必设置水泥土三轴搅拌桩、TRD等隔水帷幕，进一步降低了工程造价，间接减少了水泥等生产过程中能源消耗和污染较重的建材的使用量，符合国内日趋严格的环境保护的趋势。

5）武汉金牛大厦、凯景国际大厦组合型钢板桩试验段的研究表明：经过合理设计，钢板桩可以提供足够的抗弯刚度，满足城市基坑对周边环境保护的要求；现场桩身内力及变形测试表明其计算结果安全、合理；H＋Hat组合型钢板桩锁口具有防水功能，在不设置传统隔水帷幕的情况下，其止水性能良好，可以满足基坑止水的要求；利用针对H＋Hat组合型钢板桩研发的静力压桩机，可以在武汉的城市基坑工程中进行压桩、拔桩作业，施工效率高，可靠性高，施工中无振动、低噪音、无公害、无污染、高效、环保。

H＋Hat组合型钢板桩在武汉金牛大厦及凯景国际大厦基坑工程中的成功运用，获得良好的社会效益和经济效益，积累了宝贵的经验和数据，对今后H＋Hat组合型钢板桩在城市建筑基坑的应用起到了参考和借鉴作用。

在近年国内为刺激内需拉动经济增长、基础设施建设投入加大，以及钢材价格一路走低的背景下，H＋Hat组合型钢板桩的造价随之降低，相比混凝土支护结构的工程经济性优势愈加明显。同时组合型钢板桩不产生废弃泥浆污染，不必另外设置隔水帷幕，减少了对水泥等生产污染较重的建材的需求，桩体可重复利用等特点也符合国内工程建设对环境保护日益严格的要求。此外，还具有不需要养护时间、施工工期短、桩体不会遗留土体中而对后续地铁等地下空间开发形成障碍等特点。综上可知，H＋Hat组合型钢板桩的社会效益和经济效益均显著，在城市建筑基坑中的应用前景广泛。

以下问题留待后续进行深入研究：①钢筋混凝土支撑结构、锚杆与钢板桩的构造连接问题；②组合型钢板桩的防腐问题（永久性工程）；③适用性受地质条件限制；④拔桩空隙对周边构筑物存在影响；⑤组合型钢板桩标准化及推广应用问题。

附　录

H＋Hat 组合型钢板桩结构的常用规格如表 1、表 2 所示。

附表 1　H＋Hat 组合型钢板桩结构常用规格（NS-SP-10H（SYW295）＋H 型钢（Q355））

帽型钢板桩	H 型钢			H＋Hat 组合钢板桩（每延米壁长）				补充
	类别	型号（高×宽）（mm×mm）	截面尺寸（mm×mm）	截面积 A（cm^2/m）	截面惯性矩 I（cm^4/m）	截面模量 Z（cm^3/m）	理论重量 W（kg/m^2）	
NS-SP-10H	HW	350×350	344×348×10×16	282	104435	3519　（3767）	222	*
			344×354×16×16	305	110079	3831　（3840）	239	*
			350×350×12×19	313	117856	4084　（4044）	246	*
		400×400	388×402×15×15	321	137641	4408　（4502）	252	*
			394×398×11×18	330	148221	4735　（4767）	259	*
			394×405×18×18	360	155999	5146　（4862）	283	*
			400×400×13×21	365	165732	5420　（5112）	287	*
			400×408×21×21	401	174136	5875　（5220）	315	*
			414×405×18×28	450	206561	7010　（5913）	354	*
			428×407×20×35	523	244757	8407　（6672）	410	*
	HM	400×300	390×300×10×16	270	117398	3498　（4129）	213	*
		450×300	440×300×11×18	293	151772	4215　（4897）	230	*
		500×300	482×300×11×15	279	162864	4099　（5176）	219	
			488×300×11×18	299	180760	4621　（5530）	235	
		550×300	544×300×11×15	287	200970	4594　（5972）	225	
			550×300×11×18	307	222697	5168　（6379）	240	
		600×300	582×300×12×17	310	243121	5386　（6742）	244	
			588×300×12×20	330	266620	5981　（7163）	259	
			594×302×14×23	363	297800	6832　（7674）	285	*
	HN	500×200	496×199×9×14	233	132680	3020　（4629）	183	
			500×200×10×16	247	145232	3368　（4860）	194	
			506×201×11×19	266	162114	3836　（5174）	209	
		600×200	596×199×10×15	253	192859	3873　（5879）	199	
			600×200×11×17	269	209785	4287　（6159）	210	
			606×201×12×20	289	232371	4837　（6536）	227	
		700×300	692×300×13×20	353	367712	7266　（8841）	277	
			700×300×13×24	379	409365	8185　（9523）	298	*
		800×300	792×300×14×22	388	505677	9076　（10879）	305	
			800×300×14×26	415	557927	10107　（11672）	326	*
		900×300	890×299×15×23	419	659636	10836　（12903）	329	
			900×300×16×28	462	747431	12462　（14096）	363	*
			912×302×18×34	522	862460	14621　（15621）	410	×

附表 2　H+Hat 组合型钢板桩结构常用规格（NS-SP-25H（SYW295）+H 型钢（Q355））

帽型钢板桩	H 型钢			H+Hat 组合型钢板桩（每延米壁长）				补充
	类别	型号（高×宽）(mm×mm)	截面尺寸 (mm×mm)	截面积 A (cm²/m)	截面惯性矩 I (cm⁴/m)	截面模量 Z (cm³/m)	理论重量 W (kg/m²)	
NS-SP-25H	HW	350×350	344×348×10×16	320	143076	4297　(4610)	251	*
			344×354×16×16	343	150929	4693　(4682)	269	*
			350×350×12×19	351	159807	4954　(4881)	276	*
		400×400	388×402×15×15	359	182811	5267　(5362)	281	*
			394×398×11×18	368	194674	5601　(5619)	289	*
			394×405×18×18	399	205089	6104　(5728)	312	*
			400×400×13×21	403	215.679	6371　(5966)	317	*
			400×408×21×21	439	226726	6927　(6083)	344	*
			414×405×18×28	489	263597	8144　(6753)	383	*
			428×407×20×35	561	307061	9669　(7482)	440	*
	HM	400×300	390×300×10×16	309	157322	4212　(4971)	242	*
		450×300	440×300×11×18	331	197505	4959　(5780)	260	*
		500×300	482×300×11×15	317	209440	4784　(6085)	249	
			488×300×11×18	337	230480	5353　(6449)	264	
		550×300	544×300×11×15	325	252792	5271　(6937)	254	
			550×300×11×18	345	277970	5890　(7352)	270	
		600×300	582×300×12×17	348	301393	6110　(7753)	273	
			588×300×12×20	368	328305	6747　(8179)	289	
			594×302×14×23	402	364399	7674　(8694)	314	*
	HN	500×200	496×199×9×14	271	172447	3572　(5507)	212	
			500×200×10×16	285	187797	3962　(5762)	223	
			506×201×11×19	304	208175	4480　(6100)	239	
		600×200	596×199×10×15	291	242023	4451　(6872)	228	
			600×200×11×17	307	262253	4907　(7174)	240	
			606×201×12×20	327	288945	5509　(7.574)	257	
		700×300	692×300×13×20	391	442267	8058　(9980)	307	
			700×300×13×24	418	488683	9026　(10656)	328	
		800×300	792×300×14×22	427	596544	9930　(12143)	334	
			800×300×14×26	453	653816	11005　(12924)	356	
		900×300	890×299×15×23	457	767602	11750　(14302)	359	
			900×300×16×28	500	863450	13451　(15471)	392	*
			912×302×18×34	561	988208	15712　(16949)	440	×

注：1. “H+Hat 组合型钢板桩截面模量”一栏中左侧是组合型钢板桩重心线至 H 型钢边缘的截面模量，括弧内是组合型钢板桩重心线至帽型钢板桩边缘的截面模量；

2. 上述表中截面模量数值是按 H+Hat 组合型钢板桩连续布置计算所得结果；

3. 补充一栏中标 * 的组合形式，在进行 H 型钢应力验算时，还应使用括弧内的截面模量对帽型钢板桩最外缘进行应力验算；

4. 如果帽型钢板桩的截面模量不足，可采用屈服点强度高的帽型钢板桩。

参考文献

[1] 赵海丰，等．H＋Hat 组合型钢板桩结构性能研究［J］．长江科学院院报，2015（8）：114-120.

[2] 赵海丰，等．H＋Hat 组合型钢板沉桩特性现场试验研究［J］．长江科学院院报，2015（7）：64-69.

[3] 任安超，周桂峰，等．热轧钢板桩的发展和应用前景［J］．特殊钢，2009（30）：22-24.

[4] 中冶京诚工程技术有限公司．钢结构设计标准：GB 50017—2017［S］．北京：中国建筑工业出版社，2017.

[5] 中国建筑科学研究院．建筑基坑支护技术规程：JGJ 120—2012［S］．北京：中国建筑工业出版社，2012.

[6] 中国建筑科学研究院．建筑地基基础设计规范：GB 50007—2011［S］．北京：中国建筑工业出版社，2011.

[7] 中国建筑科学研究院．建筑结构可靠性设计统一标准：GB 50068—2018［S］．北京：中国建筑工业出版社，2018.

[8] 全国水利水电施工技术信息网．《水利水电工程施工手册》编委会．水利水电工程施工手册：5 卷 施工导（截）流与度汛工程［M］．北京：中国电力出版社，2005.

[9] 王家柱，郑守仁，魏璇．葛洲坝工程丛书：4 导流与截流［M］．北京：中国水利水电出版社，1995.

[10] 李广信，张丙印，于玉贞．土力学［M］．北京：清华大学出版社，2013.

[11] 周星星，等．基础工程［M］．北京：清华大学出版社，2015.

[12] 程楠楠，H＋Hat 组合型钢板桩在深基坑工程中的应用与试验研究［D］．武汉：武汉科技大学，2015.

[13] 樊金平，高秀梅．H＋Hat 组合型钢板桩基坑支护结构三维数值模拟研究［J］．铁道勘察，2014（6）：64-68.

[14] 赵海丰，桂树强，等．H＋Hat 组合型钢板桩在基坑工程中的适用性研究［J］．人民长江，2012，43（10）：27-31.

致 谢

本书所论述的内容是笔者所在研究团队与日本制铁株式会社、湖北毅力机械有限公司的多年合作研究成果的汇总，是关于帽型钢板桩与H型钢组合结构这一新型支护支挡结构较为全面的研究理论与实践探索成果。

本书所探讨的对象——帽型钢板桩与H型钢组合结构，其截面特性、截面参数选取、力学性能试验、设计理论探究与验证、施工技术、施工设备研发、实例应用等各个环节均得到日本制铁株式会社、湖北毅力机械有限公司的大力帮助。特别是帽型钢板桩结构原型供应方日本制铁株式会社，他们提供了帽型钢板桩各种常用型材及其规格参数、材料性能指标（包括锁口抗拉性能、锁口止水性能、截面抗弯性能等）、材料加工性能、材料组合、结构施工、实例应用技术支持等各方面的技术支持，为促进土木工程领域绿色支护结构的发展投入了相当的力量。得到湖北毅力机械有限公司在施工设备研发、施工技术及项目实施过程中的鼎力支持，是帽型钢板桩与H型钢组合结构得以成功落地实施的关键。在此对他们表示衷心的感谢！

本书在出版过程中得到了各方人士的大力帮助。长江出版社的编辑在版式等方面给予了大力支持和指导；笔者所在研究团队同事在资料收集、文献整理、插图绘制和文字编辑方面投入了相当的精力；长江勘测规划设计研究有限责任公司的有关专家也为本书的校审提出了许多宝贵的意见，恕不一一提及姓名，在此表示衷心的感谢。